U0193503

致密油藏闷井返排微观机理

石 阳 江 昀 许国庆 等著

石 油 工 业 出 版 社

内 容 提 要

微米—纳米级孔隙是致密油气储层的主要储集空间及流动通道。微米—纳米级孔道"渗吸置换"是影响致密储层微观渗流规律的关键因素。本书围绕"致密储层渗吸置换微观机理"这一关键核心科学问题，开展了从致密储层孔隙结构特征、渗吸置换研究方法、闷井及返排规律等方面开展了系统研究，初步揭示了致密储层微观渗流机理。

本书可供研究致密储层开发的人员参考使用，也可作为高等石油院校相关专业师生的参考资料。

图书在版编目（CIP）数据

致密油藏闷井返排微观机理／石阳，江昀，许国庆等著．
北京：石油工业出版社，2021.11
ISBN 978-7-5183-4970-8

Ⅰ．①致… Ⅱ．①石… ②江… ③许… Ⅲ．①致密油-微观-研究 Ⅳ．①P618.130.8-53 ②TE3-54

中国版本图书馆 CIP 数据核字（2021）第 329504 号

出版发行：石油工业出版社
　　　　　（北京安定门外安华里 2 区 1 号　100011）
　　　　　网　　址：www.petropub.com
　　　　　编辑部：（010）64523708
　　　　　图书营销中心：（010）64523633
经　　销：全国新华书店
印　　刷：北京中石油彩色印刷有限责任公司

2021 年 11 月第 1 版　2021 年 11 月第 1 次印刷
787×1092 毫米　开本：1/16　印张：11.25
字数：260 千字

定价：100.00 元
（如出现印装质量问题，我社图书营销中心负责调换）
版权所有，翻印必究

《致密油藏闷井返排微观机理》
编写人员

石　阳　江　昀　许国庆　熊春明

周福建　王　欣　丁　彬　杨立峰

曾星航　高　莹　韩秀玲　耿向飞

前　　言

借鉴页岩气"长水平段水平井+多段压裂"的技术模式，美国致密油资源得到有效开发，助推美国原油产量在 2008 年止跌回升。得益于钻井技术、压裂技术的进步，致密油产量稳步提升。2019 年，美国原油产量为 6.05 亿吨，其中致密油年产量 3.94 亿吨，占比 65.1%，首次成为能源净出口国，实现了能源独立。在北美地区非常规油气大发展的背景下，我国自 2010 年开始探索致密油资源开发。2012—2013 年，中国石油天然气集团公司连续召开两届致密油勘探开发推进会，并推动形成致密油行业标准；2014 年，鄂尔多斯盆地中生界致密油勘探获得重大突破，发现第一个陆相致密油田——新安边油田，随后在鄂尔多斯、松辽、准噶尔、渤海湾等盆地设立开发示范区；同年，国家能源致密油气研发中心成立。与北美地区相比，我国致密油具有"岩石类型复杂、储层非均质性强、物性偏差，油质偏重、气油比偏低，压力系数变化大"等特点，2016 年，国家科技重大专项设立项目"致密油富集规律与勘探开发关键技术"，立足鄂尔多斯、松辽、准噶尔等重点盆地，初步建立致密油形成和富集理论，落实致密油资源潜力，形成致密油储层高效体积改造技术，实现致密油资源有效动用与效益开发。根据工作安排，笔者任副课题长，负责致密油渗流规律及提高采收率机理方面的研究工作。立项研究之初，面对新的研究领域、新的技术方向，国内外可借鉴的基础资料较少，如何创新研究思路和方法，是摆在课题组面前的最大问题。为此，课题组调研了大量文献资料，基本掌握了国内外研究现状，厘清了微米—纳米级孔道"渗吸置换"是影响致密储层微观渗流规律的关键因素。围绕"致密储层渗吸置换微观机理"这一关键核心科学问题，课题组确定了攻关方向。

明确了攻关方向后，还需建立科学的研究方法。经过调研，目前国内外常用的渗吸置换规律研究方法主要有体积法和质量法两种。体积法通过观察带有刻度的毛细管液面变化来计量渗吸量，计量精度差；质量法通过高精度电子天平实时监测浸泡在渗吸液中的岩心质量，计量渗吸量，易受外部环境干扰。以上两种方法的计量误差大，且无法在高压环境下使用，均不适用于致密岩心带压渗吸实验定量化评价。正在一筹莫展之际，一次偶然的技术交流中，笔者了解到低场核磁共振技术，顿觉豁然开朗。低场核磁共振主要用于测试分子间的动力学信息，通过弛豫时间得到分子动力学信息，可反映多孔介质中流体分布特，属于亚微观领域（分子之间）。如果将低场核磁共振测试技术与带压渗吸置换实验相结合，即可对致密岩心内部流体的变化进行定量化测试，准确掌握渗吸置换量，提高了实验精度，同时解决了带压实验过程中实时监测渗吸置换量的问题。这不正是课题组苦苦追寻的新方法吗？于是，立即组织课题组深入调研技术可行性，拟定技术方案，在探索中逐步开展研究工作。经过近五年的攻关，课题组建立了基于低场核磁共振测试的致密岩心渗吸置换实验方法，开展了致密岩心带压渗吸规规律、致密储层相渗规律、致密储层返排规律等研究，初步揭示了致密储层微观渗流机理。相关研究成果在《Journal of Natural Gas Science and Engineering》、《Energy & Fuels》等期刊上共发表 SCI 收录论文 5 篇，得到了国际同行的认可。同时相关技术方法申报中国发明专利 5 件，通过项目研究培养两名博士研究生、一名硕士研究生，为国家科技重大专项研究做出了重要贡献。

　　本书总结了近五年来课题组在致密油渗吸置换规律研究中取得的相关技术成果，以期为致密油提高采收率研究提供一些新的思路，供广大同行探讨。全书共分八章，第一章综述国内外致密油藏开发现状，并阐述了本书的研究思路，由石阳、江昀、许国庆等编写；第二章介绍了研究区块致密油藏储层物性特征，由江昀、许国庆、石阳等编写；第三章论述了基于低场核磁共振技术的致密岩心微观渗吸规律研究方法，由石阳、江昀、丁彬等编写；第四章研究了致密油储层压后闷井微观机理，由江昀、石阳、许国庆等编写；第五章论述了渗吸置换对残余油饱和度的影响规律，由许国庆、江昀、石阳等编写；第六章、第七章论述了致密油储层的相渗及返排规律，由许国庆、江昀、曾星航等编写；第八章为本书结论与未来展望，由石阳、江昀、许国庆等编写。参与本书编写工作的还有中国石油天然气股份有限公司首席专家熊春明、王欣、企业技术专家杨立峰、中国石油大学（北京）周福建教授，工程师高莹、韩秀玲和高级工程师耿向飞。

　　项目研究和本书撰写过程中，得到了中国石油天然气股份有限公司勘探开发研究院压裂酸化技术中心杨贤友技术专家、卢拥军书记、王永辉副主任、翁定为副主任、才博副主任等领导、专家的指导与帮助；石油工业出版社庞奇伟、林庆咸等编辑认真审阅，并提出宝贵意见，在此一并表示感谢。

　　受笔者知识水平所限，书中难免出现不妥之处，敬请广大读者批评指正。

石阳

2021 年 10 月于北京

目　　录

第一章 绪 论

第一节 研究目的和意义

随着中国经济的飞速发展，油气资源量需求日益增加，常规油气的开发已难以满足当前生产需求。随着水平井大规模体积压裂技术的应用，页岩气、致密油等非常规储层的高效开发已成为我国重要的油气资源补充。中国致密油资源丰富，在准噶尔盆地、鄂尔多斯盆地、四川盆地和松辽盆地等广泛分布，初步评价主要盆地致密油资源量 $(80 \sim 100) \times 10^8 t$，致密油将成为重要接替资源，2020 年中国致密油高峰产量在 $1300 \times 10^4 t$ 左右。但目前的原油产量仍然难以满足需求，2019 年中国原油对外依存度达到 70.8%，供需关系持续紧张，急需快速高效开发致密油资源。

然而，中国目前致密油储层的开发动态及现场资料表明，致密油储层经压裂改造后呈现出初期产量高、递减快、能量补充困难及采收率低等难题。依靠现有的水平井多段压裂、体积压裂等综合技术仍旧难以解决上述问题。以鄂尔多斯盆地延长组致密油储层为例，具有油藏孔隙度低、渗透率低、渗流通道小（微米—纳米级孔隙发育）及压力系数低（$0.6 \sim 0.8$）等特点。目前，这类致密油藏提高开发效果的途径主要有两种：一是提高改造规模，采取大规模水平井分段压裂改造技术，将"万方液"（单井压裂液用量超过 $10000 m^3$）注入后"打碎"储层，形成复杂缝网，缩短裂缝与基质渗流距离，达到增产改造效果；二是压裂后闷井，通过渗吸置换，提高驱油效率。部分现场应用结果发现，水湿性致密油藏压裂后不返排，停泵后闷井一段时间，大量压裂液由于滤失作用进入储层后，在毛细管压力作用下发生渗吸置换，提高致密油藏采收率。但是，目前对于致密油储层闷井工艺提高采收率的机理仍不明确，长时间闷井提高压裂液滞留量，致使致密油储层压裂后存在返排率低但生产效果好的矛盾之处。这种矛盾之处主要体现在致密油储层压裂后闷井过程发生的渗吸置换规律认识不清，尤其是微观上难以解释渗吸作用提高采收率机理，导致闷井时机和返排制度难以优化。

针对致密油储层压后闷井提高采收率微观机理认识不清这一问题，本书以鄂尔多斯盆地华庆油田元 284 区块延长组致密油储层岩心样品为研究对象，将致密油储层体积压裂后闷井区域划分为滤失区及带压渗吸区，将闷井过程中压裂液附加孔隙压力考虑在内，借助于低场核磁共振测试技术，从微观上深入剖析了闷井过程中油水分布规律及压裂液滞留机理，旨在从微观角度探讨致密油藏压裂后闷井提高采收率机理，为闷井时机优化和返排制度优化提供技术支持。

第二节　国内外研究现状

一、致密油概念及致密油储层特征

1. 致密油概念

致密油是致密储层油的简称。这一概念最早出现于 20 世纪 40 年代 AAPG Bulletin 杂志中，用于描述致密砂岩中的石油。目前，国内外对于致密油的概念尚无统一定论。对于致密油的概念，国外主要由美国和加拿大学者提出，经历了以下发展阶段：（1）1947 年，AAPG《Bulletin》杂志中定义为含油的致密砂岩；（2）2005 年，美国能源信息署（EIA）定义为从页岩中采出的石油；（3）2011 年 11 月，加拿大卡尔加里大学 Clarkson 等[1]将非常规轻质油分为三类：页岩油、致密油、"裙边"油，这种分类方法对于准确理解致密油概念具有一定指导意义；（4）2012 年，EIA[2]提出：致密油是"通过水平钻井和多段压裂技术从页岩或其他低渗透储层中开采出的石油"。目前，国外对于致密油概念的理解主要包含以下方面：致密油、页岩油通用，指渗透率非常低、需采取特殊工艺开采的储层（页岩、砂岩、碳酸盐岩等）中的轻质油。

国内对于致密油勘探开发起步较晚，从 2010 年开始，致密油概念[3]才被广泛接受和采纳，对于致密油概念的理解有广义和狭义之分。广义的致密油指蕴藏在低孔隙度、低渗透率的致密含油层中的石油，这类储层的高效开发需采用水平井压裂技术，与页岩气开发类似。这一定义与国外 EIA、NPC、NRC 等机构类似。狭义的致密油[4]指来自页岩之外的低孔隙度、低渗透率的致密含油层中的石油资源，不包括广义致密油中的页岩油，这一定义与加拿大国家能源委员会（NEB）和加拿大非常规资源协会（CUSB）等机构提出的概念吻合。国内对于致密油概念的理解主要经历以下阶段：（1）2012 年，贾承造等[5]指出：致密油主要指与生油岩层系互层共生或紧邻的致密砂岩、致密碳酸盐岩储层中聚集的石油资源；（2）2013 年 11 月，国家能源局[6]发布的《致密油地质评价方法》（SY/T 6943—2013）中规定，致密油指储集在覆压基质渗透率不大于 0.2mD（空气渗透率不大于 2mD）的致密砂岩、致密碳酸盐岩等储层中的石油，单井一般无自然产能或自然产能无法达到工业油流，但在一定经济条件和技术措施下可获得商业开采，这些措施通常包括酸化压裂、多级压裂、水平井、多分支井等。

2. 致密油储层特征

总体而言，致密油藏典型特征主要包含以下几点：

（1）圈闭界限不明显。巴肯（Bakken）致密油区油井全盆散布，符合致密油储层大面积连续分布分特征。局部连续富集从而形成致密油储层地质"甜点"区。这种致密油富集区分布广泛，不受地质构造控制，无明显圈闭界限，圈闭边界不明显，分布范围广；

（2）非浮力聚集，水动力效应不明显，无统一油水界面，无统一压力系统，油水分布复杂。存在多个油水界面和压力系统，这一特征已被巴肯致密油所证实；

（3）异常压力，裂缝高产，油质轻，流动方式以非达西流动为主。由于致密油低孔隙度、低渗透率的特性，孔喉半径小，因此致密油流动存在启动压力梯度，必须达到一定的压差条件才能流动；

（4）孔隙结构以纳米级孔喉为主，进汞压力高，毛细管压力高，非均质性强，导致地层水以束缚水为主，可动水少；

（5）致密油开发技术必须依赖大规模水平井多段体积压裂技术，将储层打碎后，实现经济化开采。

致密油储层普遍发育微米—纳米级孔隙系统，充分认识致密岩心独特的孔隙结构特征有利于实现致密油储层高效开发，主要包括以下方面。

（1）孔隙结构评价方法。

致密岩心微观孔隙结构是决定其孔渗特征的重要因素，准确、全面地对其进行表征具有重要意义，现有研究方法可分为定性评价方法和定量评价方法两大类。其中，定性评价方法是借助高分辨率的观测手段，研究二维/三维空间中孔隙的尺寸大小和分布特征。它是一种直接观测手段，常用方法包括光学显微镜法、场发射扫描电子显微镜、聚焦离子束和微米级/纳米级 CT 等[7-10]，研究尺度从纳米级到毫米级。定量评价方法是根据外来流体在孔隙介质内的渗流规律，间接测量孔隙尺寸大小和分布特征。它是一种间接评价手段，常用方法包括覆压孔渗法[11]、压汞法（高压压汞和恒速压汞）[12-13]、气体吸附法[14]和核磁共振技术[15-18]等，研究尺度从毫米级到纳米级。

（2）致密岩心孔隙尺寸分类。

现有的孔隙尺寸分类方案尚无统一标准，主要有三方面原因：第一，不同学科之间孔隙尺寸分级差异大，研究对象的差异造成了研究尺度显著不同；第二，评价方法不同造成孔隙尺寸划分结果差异显著；第三，即使评价方法一样，所选取的孔隙结构相关参数也不完全一致。

目前，应用效果较好的致密储层孔隙尺寸划分方案主要有两类：第一，IUPAC[19]分类方法，即孔隙尺寸可分为微孔（小于 2nm）、中孔（2~50nm）和大孔（大于 50nm）三大类；第二，Loucks 等[20]提出的分类方案，即孔隙尺寸可分为纳米孔（小于 1.0μm）、微孔（1.0~62.5μm）和中孔（62.5μm~4.0mm）三大类。国内学者针对致密储层孔隙结构特征，结合孔隙介质中流体流动规律和一定的分析测试方法（研究尺度从毫米级到纳米级），也提出了相应的孔隙尺寸划分方案[21-24]，其中，具有代表性的是朱如凯等[25]提出的"孔隙结构四分法"（图 1-1）：即毫米孔（大于 1.0mm）、微米孔（1~1000μm）、亚微米孔（100~1000nm）与纳米孔（2~100nm），其中微米孔进一步细分为微米小孔（1~10μm）、微米中孔（10~62.5μm）和微米大孔（62.5~1000μm）。

（3）覆压条件下致密岩心孔隙尺寸特征。

致密岩心中普遍发育微米—纳米级孔隙，覆压条件下孔隙半径受净压力影响显著，与之紧密相关的两种现象是气体滑脱效应和应力敏感特征。

①气体滑脱效应。

气体滑脱效应是气体在多孔介质中发生非层流而产生的非达西效应[26-28]。是否产生气体滑脱是由 Knudsen 数决定的[29]，即气体分子的平均自由程和特征孔隙半径的比值。对于产生滑脱效应的 Knudsen 数，其具体范围仍存在分歧：一些研究人员认为发生气体滑脱效应的 Knudsen 数在 0.001~0.1 之间[30-11]，而其他学者则认为在 0.01~0.1 之间[29]。由于致密岩心有效孔隙半径在数值上比气体平均分子半径的十倍还大，气体在致密岩心中的渗流过程会受到滑脱效应（即 Klingkenberg 效应）影响。由于气体滑脱现象的出现，用

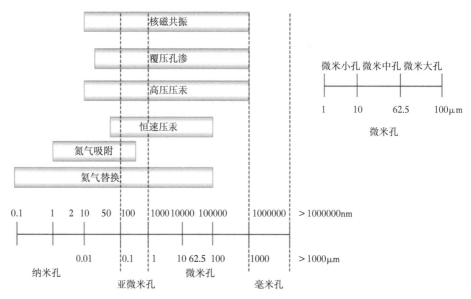

图 1-1　孔隙尺寸分类及定量评价方法

气体测量的渗透率不是岩石的固有渗透率，而是一种视渗透率，它是有关岩心真实渗透率、孔隙半径和平均分子自由程的函数。根据 Klingkenberg 给出的考虑气体滑脱效应的气测渗透率表达式，结合稳态法或非稳态法气测渗透率实验结果，拟合气测渗透率与平均压力倒数关系曲线，根据曲线斜率和截距可以确定克氏渗透率和滑脱因子，进而计算有效孔隙半径。

②应力敏感特征。

随着岩心内净压力（上覆地层压力与孔隙流体压力之差）的增加，岩心受压缩导致发生部分塑性变形，引起孔喉半径减小、孔隙度和渗透率降低，即显著的应力敏感特征[32-35]。实验结果显示，随着净压力增加，渗透率降低程度甚至超过90%[36]，孔隙半径显著降低。但是，根据毛细管压力计算公式可知，对于水湿性岩心而言，孔隙半径降低反而有利于发挥毛细管压力主导的渗吸置换作用。

二、致密油开发现状

全球致密油资源潜力大，成为非常规石油发展的亮点，EIA 在 2013 年的统计结果显示，全球 42 个国家技术可采致密油资源达 $473×10^8t$。目前，致密油资源在美国、俄罗斯和加拿大等国已经成功开发，以美国为代表，致密油资源潜力远远超出预期，通过引进页岩气开发技术，致密油勘探开发获得重大突破，产量呈现井喷式增长，美国成为全球致密油开发最多的国家。近 5 年来年均增幅达 43%，2014 年的致密油产量达 $2.09×10^8t$，占总产量 36%，相当于中国当年原油总产量，成为影响近期国际油价变化的重要因素。美国致密油成功开发的地区包括巴肯（Bakken）、鹰滩（Eagle Ford）和巴内特（Barnett）等（图 1-2），年产油量约为 $3600×10^4t$。

储层致密特征决定了其开发必须采用储层改造技术，即通过人工手段在地层形成裂缝或裂缝网络，改善油气流渗流条件，以达到有效开采的目的。美国致密油能大规模有效开

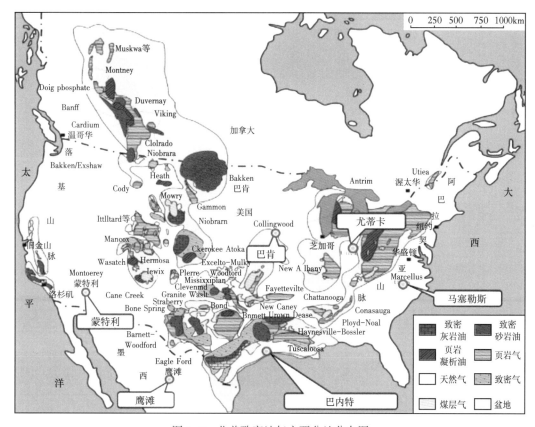

图 1-2　北美致密油气主要盆地分布图

发主要源于三大工程技术[37-39]：水平井钻井、压裂改造和地震技术。美国非常规油气获得的"革命性突破"，推动了油气工业"二次发展"，助推"能源独立"战略实施，改变了世界能源格局。

　　中国致密油勘探潜力大，分布范围广，包括扬子地区、华北地台和塔里木盆地在古生代发育的富有机质海相黑色页岩，以及松辽、鄂尔多斯、四川、渤海湾等中新生代盆地发育的富有机质湖相页岩、泥岩。初步评价致密油有利勘探面积（41~54）×10⁴km²，主要盆地致密油地质资源量（80~100）×10⁸t，落实了3个十亿吨级油区，将成为重要接替资源。目前，中国致密油资源成功开发的典型代表包括鄂尔多斯盆地三叠系延长组、准噶尔盆地二叠系芦草沟组、松辽盆地白垩系青山口组—泉头组和渤海湾盆地古近系沙河街组等，致密油已成为中国非常规石油中最现实的接替资源。

　　但是，与北美地区致密油藏基本地质条件不同之处在于，中国陆相致密油具有四大基本地质特征[40-41]：（1）烃源岩类型多，有机质丰度较高、变化大；（2）储层岩性复杂，有效储层规模小、物性差；（3）源储配置多样，饱和度、流体性质差异大；（4）压力系数较低，高产稳产难度大、递减快。对比中国与北美地区致密油藏基本地质特征（表1-1）可以发现，中国致密油开发面临最大的问题是油藏压力系数低，天然能量不足，压力系数分布范围广（0.70~1.80），但总体偏低，北美地区主要盆地构造稳定，以超压为主（压力系数1.35~1.80）

表 1-1 国内外主要致密油藏储层特征对比

名称	盆地	层位	有利面积 (10^4km^2)	岩性	厚度 (m)	压力系数	原油密度 (g/cm^3)
国外	威利斯通 (Willinston)	巴肯 (Bakken)	7	白云质—泥质粉砂岩	2~20	1.35~1.58	0.80~0.83
	得克萨斯	鹰滩 (Eagle Ford)	2	泥灰岩	30~90	1.35~1.80	0.82~0.87
国内	鄂尔多斯	延长组	5~10	粉细砂岩	10~80	0.75~0.85	0.80-0.86
	准噶尔	芦草沟组	3-5	白云质粉砂岩、泥质白云岩	80~200	1.10~1.60	0.87~0.92
	四川	侏罗系	4~10	粉细砂岩、介壳灰岩	10~60	1.23~1.72	0.76~0.87
	渤海湾	沙河街组	5~10	粉细砂岩、碳酸盐岩	100~200	1.53~1.80	0.75~0.78
	松辽	扶杨油层	5~10	粉细砂岩	5~30	0.97~1.06	0.78~0.87
	柴达木	古近—新近系	1~3	泥灰岩、藻灰岩、粉砂岩	5~8	1.25~1.30	0.81~0.87
	三塘湖	二叠系	0.5~1	泥灰岩、灰质白云岩	10~100	0.70~0.90	0.75~0.85

与此同时，根据中国石油供需态势预测结果（图 1-3），可以看出，石油供需关系持续紧张，产量难以满足需求，预测石油需求缺口将进一步增大，对外依存度可能超 70%。2020 年中国石油致密油预测高峰产量在 1300×10^4t 左右（图 1-4），致密油将成为重要接替资源，因此，致密油资源高效开发将有助于保障能源安全。

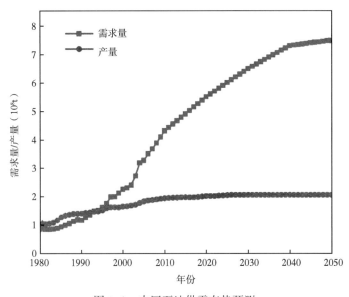

图 1-3 中国石油供需态势预测

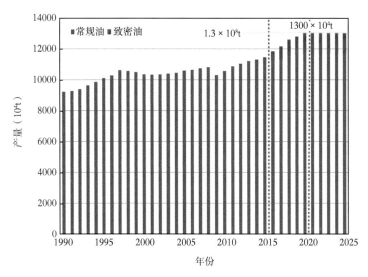

图1-4 中国石油未来石油产量增长趋势及构成预测

中国致密油储层压裂改造始于2011年，主要参照国外成功经验，即水平井多段压裂改造工艺。经过前期探索、试验，在多个区块已取得突破，见到了工业油气流，证明了我国致密油的可压、可产性，并在储层评估、压裂材料、改造工具、现场实施及裂缝诊断与评估等多方面取得了长足进步，初步形成了配套的工艺技术，但技术总体尚处于起步和探索阶段[42-45]。在现有体积压裂改造模式下，考虑压裂液补充能量的可行性，即施工后的大液量压裂液先滞留在储层中一段时间，不仅可补充地层能量，还通过水油置换驱替原油，从而提高采收率，在矿场实验中取得一定效果。

以鄂尔多斯盆地A井区长7段致油藏开发为代表[46-49]，2014年，胡尖山油田安83区进行生产了单井注水吞吐试验，对比不返排闷井与压裂后直接抽汲返排措施效果（表1-2），结果显示：采用增大滞留液量、不返排（压裂后闷井一段时间）的工艺技术，相比于压裂后直接返排，更有利于提高致密油藏采收率。

表1-2 安83区长7段致密油藏2014年油井体积压裂措施效果对比表

类别	统计井数（口）	入地液量（m³）	有效滞留液量（m³）	平均排液期（d）	初期日增油量（t）	增油量不小于2t的天数	增油量不小于1.5t的天数	措施30t平均单井累计增油量（t）	措施60t平均单井累计增油量（t）
压裂后闷井	51	1100	810	11.2	2.65	28	47	71	124
直接返排	28	930	360	12.1	2.20	22	39	63	103

虽然矿场实验取得一定效果，但针对大量压裂液注入后闷井多久合适及返排参数如何优化这两个关键问题，并未给出科学解答。根据众多学者的研究成果[50-55]可知，大规模水力压裂后关井一段时间，增大滞留液量有利于促进渗吸过程，将会极大提高油气井产量，尤其是对于水湿性储层。Ghanbari等[56-57]与Carpenter等[58]根据数值模拟计算结果发现，延长闷井时间对于提高早期产能，但是过长的闷井时间将不利于提高后期产量。因

此，合适的闷井时间对于充分发挥渗吸置换作用，对于非常规油气藏提高采收率至关重要。Qing 等[59]提出了一种估算闷井时间的方法，将结合自发渗吸实验结果［以霍恩河（Horn River）页岩岩心样品为例］与 Ma 等[60-61]提出的无量纲时间模型相结合，根据岩心尺度渗吸置换量达到最大时对应的时间折算到矿场尺度，计算得到岩心尺度闷井 1h 对应矿场尺度的 3d。Roychaudhuri 等[62]与 Makhanov 等[63]分别使用马塞勒斯（Marcellus）页岩岩心样品和霍恩河（Horn River）页岩岩心样品模拟压裂液滤失过程，根据相似准则得到岩心尺度和矿场尺度滤失量，为优化闷井时间提供了另一种思路。

三、渗吸置换规律

根据致密油开发现状可知，压裂后闷井过程发生的渗吸置换作用是一种重要的提高采收率机理，因此，对于渗吸置换机理的研究至关重要。

渗吸是一种润湿性流体置换非润湿性流体的过程，其分类方法有两种：一种是按照驱替动力划分，分为自发渗吸和强制渗吸（图 1-5）。自发渗吸过程只有毛细管压力作用，而强制渗吸过程除了毛细管压力之外还有其他驱动力；一种是按照流动方向划分可分为同向渗吸和逆向渗吸（图 1-6）。

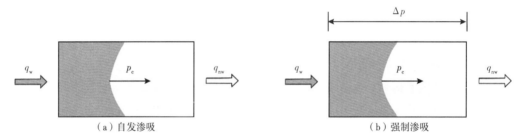

（a）自发渗吸　　　　　　　　　　　　　　（b）强制渗吸

图 1-5　渗吸过程示意图

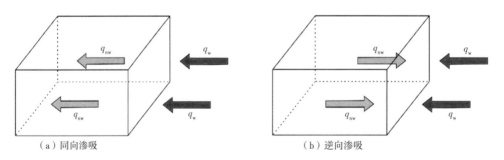

（a）同向渗吸　　　　　　　　　　　　　　（b）逆向渗吸

图 1-6　渗吸过程示意图

Mason 等[64]总结了近年来有关自发渗吸规律的研究成果并对其发展发展进行了预测，目前给出的描述渗吸驱油机理的实验和理论主要集中在牛顿流体在强湿性介质条件下，非润湿相初始饱和度为 100%，重力的影响可以忽略不计。在此基础上，为了更好地认识渗吸规律，应该与更复杂的实际问题相结合，包括初始含水饱和度、高度复杂的原油/盐水/岩石相互作用条件下的润湿性变化及重力叠加效应等。

1. 自发渗吸驱油物理模拟实验

对于自发渗吸过程的理解和量化都是基于物理模拟实验结果得到的，自发渗吸驱油物理模拟实验通常在常压条件下进行，近十年来取得了快速的进步和发展。

实验用油通常选用界面张力为 35mN/m 的精练矿物油，并且实验前推荐清洗精练矿物油以去除极性化合物，因为极性化合物与多孔介质的接触主要发生在入口端面附近，会造成伤害并影响渗吸实验结果，水相通常使用一定浓度的盐水。渗吸实验中使用的岩心直径通常为 1in 或 1.5in，相应长度为 2in 或 3in，岩心表面通过增加惰性环氧树脂密封，或者使用热缩管来改变边界条件。

渗吸置换量的确定一般使用体积法[65-67]或称重法[68-71]，体积法是通过观察带有刻度的毛细管液面变化来计量渗吸置换量，操作简单，计量方便，适用于中—高渗透率岩心自发渗吸实验。但致密岩心微米—纳米级孔隙普遍发育，孔隙内油量有限，渗吸置换过程时间较长，部分渗吸置换的油滴会附着在岩心表面，导致测定的油相体积存在较大误差，进而影响渗吸置换效率计算结果。此外，由于毛细管承压能力有限，难以实现带压渗吸模拟。因此，体积法不适用于致密岩心带压渗吸定量化评价。称重法是将岩心浸泡在渗吸溶液中，通过高精度电子天平对岩心质量实时监测，通过质量变化来计量渗吸置换量，其操作简单，且精度较高，适用于中—低渗透率岩心和致密岩心自发渗吸实验。但该方法无法实现对密闭系统质量变化实时监测，而将岩心从密闭系统中取出进行人工称重，岩心质量会受表面流体影响，产生较大的误差。因此，称重法也不适用于致密岩心带压渗吸定量化评价。

2. 自发渗吸理论模型

自发渗吸理论模型大致可分为两大类。一类是基于 Hagen-Posieuille 方程建立的毛细管模型（活塞式水驱油），最早由 Washburn 等[72]提出，是一种单毛细管内两相流线性驱替模型；在该模型基础上，相继提出了一系列改进模型，包括考虑了毛细管横截面形状[73]、两相流度比[74]、毛细管迂曲度和边界层效应[75-76]等的单毛细管模型；以单毛细管模型为基础，Dong 等[77-78]考虑不同毛细管中油水两相流度运动速度不同，分别提出了相互独立和相互影响的毛细管束模型；Wang 等[79]考虑了束缚水饱和度影响，将毛细管横截面假设为三角形，提出了改进的相互影响的毛细管束模型；Li 等[80]考虑了毛细管之间的窜流效应，提出了适合致密岩心油藏的毛细管束模型。另一类是基于分流量方程建立的连续介质模型（非活塞式水驱油），相比于理想的毛细管模型，这类模型更接近多孔介质中油水两相对渗透率流过程，是以 McWhorter 等[81]提出的两相流模型为基础，假设油相流量正比于 $t^{-1/2}$；Schmid 等[82-84]在其基础上推导了自发渗吸模型的解析解，包括同向和逆向渗吸模型解析解及任意润湿性条件下渗吸模型解析解；Li 等[85]假设毛细管压力与油水界面运动距离线性相关，推导了简化的连续介质模型解析解。

根据以上两大类理论模型求解结果可以得到不同时刻油水界面（即驱替前缘）的运动距离，并计算相应的渗吸置换效率。此外，这类模型的另一种表达形式是无量纲时间标度模型，考虑到影响渗吸作用的参数较多，为了将渗吸置换驱油实验数据进行归一化处理，便于将岩心尺度实验结果应用到油藏尺度，Mattax 等[86]最早提出了适用于裂缝性水湿油藏渗吸采油的无因次时间标度模型，有效地建立了岩心尺度与油藏尺度转化的关系式。在此基础上，众多学者开展了大量自发渗吸物理模拟实验，并对该模型进行了修正，其中，应用最广泛的无量纲时间模型是 Ma 等和 Mason 等[87]提出的考虑了润湿相流体黏度影响的模型。

3. 渗吸置换作用影响因素

目前非常规储层对致密油储层的关注虽不及页岩气那样明显，但也有越来越多的学者认为致密油储层自发渗吸作用对提高油井采收率有积极的作用。针对不同储层的特征，岩心尺度的物理模拟需要考虑的影响因素不尽相同，但研究方法大致相同，首先选定合适的无量纲时间模型，然后开展自发渗吸物理模拟实验，对理论模型进行验证，考虑的影响因素包括岩心形状、层理方向、边界条件、重力、流速、界面张力和润湿性等。

Standnes 等[88]针对不同岩心形状和边界条件开展了自发渗吸实验，取得了油相置换效率与无量纲时间关系曲线；Li 等[85]和 Mason 等[89]分别提出了单面开启（OEO）和双面开启（TEO）条件下活塞式驱替数学模型，认为这两个过程是逆向渗吸过程，并且 Mason 等[89]使用气测渗透率为 57~77mD 的 Berea 砂岩岩心验证了理论模型，并建立相应的力学模型对渗吸过程进行解释；Haugen 等[90]基于单毛细管渗吸模型理论，建立了双面开启同向渗吸过程数学模型，并且也建立了对应的力学模型对渗吸过程予以解释；针对所有面开启（AFO）情况，Mason 等[91-92]认为该过程是逆向渗吸过程，可以理解为单面开启线性渗吸过程与外圆柱面开启的圆环径向渗吸过程叠加，对 Ma 等建立的模型进行了修正；Standnes 等[93]基于 Washburn 模型提出了考虑重力影响的无量纲时间和置换效率模型，通过 Eclipse 100 数值模拟计算验证了理论模型；Mirzaei-Paiaman 等[94]与 Ghaedi 等[95]从油水两相分流量方程出发，建立了考虑了重力影响的无量纲时间模型，理论模型更符合实际多孔介质中两相对渗透率流过程。但考虑重力情况下，受限于岩心尺度实验问题，物理模拟过程实现较困难。El-Amin 等[96]提出特征流速，建立新的无量纲时间模型，讨论了流速对渗吸效果影响，并验证了 Tang 等[97]实验结果；界面张力对渗吸效果影响分析意见不完全一致，Fini 等[8]认为表面活性剂降低了界面张力，从而导致了更好的渗吸效果。但 Adibhatla 等[99]认为界面张力越高越好；对于水湿性油藏而言，毛细管压力作为驱油动力，有助于发挥渗吸置换过程，但很多情况下油藏并非水湿性，需要采取一系列措施改变其润湿性，包括采用各种类型表面活性剂（阳离子型[100]、阴离子型和非离子型[101]）、低矿化度盐水[102]和加温等措施。

但是，以上影响因素中均未考虑围压的影响，即无法模拟覆压条件下渗吸置换过程，与之对应的无量纲时间模型也需要进行修正。

四、油水相对渗透率规律

在油田开发过程中，油水两相相对渗透率曲线是流体在储层中渗流必须遵循的基本规律，也是渗流特征的综合反映。可以通过这条曲线来分析储层开发状态、油井见水时间和原油的驱替效率；在数值模拟方面相对渗透率曲线也有着基础作用和广泛应用，相对渗透率曲线的获得方式主要有直接测定和间接计算，其中直接测定即为利用实验手段测量，包括稳态法和非稳态法；间接计算方法主要有毛细管压力法、生产动态资料计算法等。

渗透率是重要的衡量储层岩石允许油气流体通过能力的参数，往往也用渗透率大小来评价储层岩石物性的好坏。岩石被单相流体饱和时测得渗透率为绝对渗透率，是岩石本身的一种属性，不随测量流体的变化而发生变化。当岩石中有多种不混相流体共流时，其中某一相流体的通过能力称为某相的有效渗透率，有效渗透率数值可反映多相流体流动中产生的附加阻力。将各单相流体的有效渗透率与绝对渗透率的比值称作相对渗透率，实际是将有效渗透率做无量纲化处理，相对渗透率是多种不混相流体共同发生渗流过程的最重要的物理参数。根据经典的地下储层渗流理论，在多孔介质中流体渗流过程满足达西定律，也可利用达西公式设计实验方案测量储层岩石渗透率。

1931 年，Richard[103]首次使用毛细管束模型对疏松的不饱和黏土岩石的气液两相流动进行了研究；之后的 Wyckoff 等在研究未饱和土壤岩石中气液两相稳态渗流过程中，提出了有关相对渗透率的定义；1937 年，Muskat 等利用相对渗透率对达西定律进行了进一步研究，推理得出了经典的两相对渗透率流运动方程；1942 年，Buckley 和 Leverett[104]经过总结前人的研究成果和系统实验，概括提出了多孔介质中两种互不相溶流体的驱替机理，得到了水驱油机理方程，即 B-L 方程。虽然广大研究者认为水驱油的过程十分复杂，B-L 方程只是一个解释水驱油过程的相对合理的控制方程，但在之后的储层多相对渗透率流研究中 B-L 方程依然具有十分重要的意义。

相对渗透率曲线的获得方法随着研究的深入也在发展，有稳态法、非稳态法等室内实验测量方式，也有利用矿场岩心资料分析间接求得相对渗透率曲线的方法等。

1. 常规实验室油水相对渗透率测量方法

1）稳态法实验原理

实验室稳态法[105]测定油水相对渗透率的理论基础就是一维的经典达西渗流定律，且在数据分析中忽略了毛细管压力和重力的影响，实验过程中假设油水两相液体互不相容且不可压缩。

实验方法是控制入口端总流量不变的条件下，改变油水的注入流量，即总流量恒定，改变油水的注入比例，从油多水少逐渐改变为水多油少。当岩心两端压差趋于稳定，岩心出口端油、水的流量不发生变化时，可视为岩心的含水饱和度不再变化，此时油水两相在岩心孔隙内的分布是均匀的，达到稳定状态，此时油水两相的有效渗透率值基本为常数。

实验过程中记录岩心两端压差以及油、水在达稳定状态时的流量，利用达西公式可以直接计算出油水两相的有效渗透率，再分别与岩心绝对渗透率作比值，可以得到油水两相的相对渗透率值；通过改变岩心入口端油水注入比例，利用失重法计算出岩心不同时刻的平均含水饱和度，与相对渗透率数值对应即获得不同含水饱和度下的岩心油水两相相对渗透率曲线。

稳态法测相对渗透率的特点明显，应用达西定律，计算过程简单，但由于需要人为构造不同的岩心含水饱和度，实验步骤较为繁琐。

2）非稳态法实验原理

非稳态法测油水相对渗透率以 B-L 方程为理论基础，在解释时不考虑重力作用，同样假设油水两相流体不互溶且不可压缩，岩上任意一截面上的含水饱和度是均匀的。

与稳态法不相同，非稳态法实验过程中不是在岩心入口端同时注入两种流体，一般是事先饱和水相流体，利用油驱水至岩心束缚水状态，之后再用水驱油进行非稳态测油水相对渗透率实验。含水饱和度在孔隙中的分布在水驱油实验中是与距离、时间相关的函数，称为非稳态过程。

11

　　水驱油实验通常采用的是恒流法，实验过程中及时记录岩心两端压差和油水两相的流量随时间的变化，直到压差恒定或者岩心出口端不再见油则视为实验结束。非稳态法的最经典的解释方法是 J. B. N. 解法，是 Johnson 等在 1959 年提出的一种数值计算法。

　　与稳态法相比，非稳态法的特点鲜明，在实验设计上比较简单，在造束缚水结束之后只需要水驱油过程即可获得所有实验所需数据；但是在解释方法上较为复杂，并且因为记录的是岩心见水之后的数据，最终得到的相对渗透率曲线范围偏后。不过因为非稳态法的实验方法简单，越来越多的研究者选择使用改进非稳态法解释方法来获得油水相对渗透率曲线，Toth[106]等在 2006 年通过对 J. B. N 方法建立了一种可以利用生产数据计算相对渗透率的方法，获得的结果具有更好的真实性。

2. 其他油水相对渗透率测量方法

1）考虑启动压力

　　在很多室内试验和油田生产的实例中发现，储层岩石存在启动压力，且随着岩石渗透率的降低，启动压力会增大。2007 年，董大鹏[107]将启动压力的影响考虑进求取相对渗透率的过程当中，基于达西定律将致密储层的运动方程进行变形（以油相为例）：

$$v_{\mathrm{o}} = \frac{KK_{\mathrm{ro}}}{\mu_{\mathrm{o}}} \left(\frac{\partial p}{\partial x} - G_{\mathrm{o}} \right) \tag{1-1}$$

式中　G_{o}——油相的启动压力梯度；

　　　v_{o}——油相流动线速度；

　　　K——渗透率；

　　　K_{ro}——油相相对渗透率；

　　　$\dfrac{\partial p}{\partial x}$——流动方向的压力梯度。

　　在实际实验中发现，水相的启动压力梯度相较于油相小很多，计算中往往可忽略不计。

　　不过对于低渗透率的岩石来说，在利用非稳态驱替实验测相对渗透率过程中获得启动压力梯度是不易实现的，如果利用驱替实验来测量启动压力梯度的时间会比整个非稳态驱替过程长；其次，启动压力梯度的测试在很大程度上会破坏岩心的物性特征。因此获得启动压力梯度的最好方法是通过其他的实验数据进行回归模拟。

　　求解启动压力梯度的实验室方法是构造压差和流量的关系曲线，也可以通过油田现场试井分析来获得。宋付权[108]在 1999 年运用了稳态法，以质量守恒定律为基础推导出了启动压力梯度简单计算公式；2008 年，李爱芬[109]将毛细管平衡法和稳态法相结合来测定低渗透储层启动压力，大幅增加了可测量渗透率的范围；之后，杨琼成功使用了非稳态法测量低渗透砂岩启动压力梯度；2012 年，杨悦等在考虑低渗透率岩心启动压力梯度和毛细管压力作用的基础上总结出新的低渗透率储层非稳态相对渗透率计算方法[110]。

2）毛细管压力曲线法

　　储层岩石中的孔隙空间是由许多大小不一，弯曲曲折相通的小孔道组成，在研究多相流体在储层孔隙中的流动过程中，一般把复杂孔喉结构简化看作毛细管模型，在毛细管中产生的液面上升或下降的曲面附加压力称为毛细管压力。毛细管压力与湿相流体饱和度之间存在一定的函数关系，可以用实验的方法测量出不同饱和度下的毛细管压力，做出毛细管压力曲线，用以研究岩石孔隙空间中两相流体渗流特性。

毛细管压力曲线可以反映岩石的孔喉分布，可以根据毛细管压力所确定的孔喉分布可计算出岩心的渗透率。毛细管压力和相对渗透率作为岩石的基本属性，都与湿相、非湿相饱和度相关，毛细管压力曲线法测相对渗透率就是利用毛细管压力和饱和度的关系推导出相对渗透率与饱和度的关系。

在早期的毛细管压力研究中，Young、Laplace 等推导出了流体界面张力、液面附加力与孔隙曲率半径之间的关系，总结出了 Laplace 公式[111]，表明毛细管压力可以用来表征孔隙半径的大小。1949 年，Purcell 利用毛细管束模型总结得出利用毛细管压力曲线计算相对渗透率的公式：

$$K_{rwet} = \frac{\int_0^{S_{wet}} p_c^{-2} dS}{\int_0^1 p_c^{-2} dS} \qquad (1-2)$$

$$K_{rnwet} = \frac{\int_{S_{wet}}^1 p_c^{-2} dS}{\int_0^1 p_c^{-2} dS} \qquad (1-3)$$

式中　K_{rwet}、K_{rnwet}——分别为润湿相、非润湿相的相对渗透率，%；

　　　S_{wet}——润湿相饱和度，%；

　　　p_c——毛细管压力；

　　　S——饱和度。

式（1-2）基于毛细管束模型，与实际孔隙结构有一定的差异，计算精度不高，在此之后的很多学者进行了大量工作，给出了许多修订。Brooks[112]对上述模型进行了改进，将毛细管压力换算的孔喉半径近似视为岩石中的渗流通道，引入岩石孔隙大小分布指数得出 BC 模型；Corey[113]按照岩石润湿性质的不同将流体分为润湿相、非润湿相和中间润湿相三类，并提出了三相对渗透率流的相对渗透率模型；李元生[114]等利用 Corey 模型和 BC 模型研究低渗透率油藏的渗流规律，测定了孔隙、微裂缝双重介质的相对渗透率；王珍[115]利用 CO_2 驱替油气相对三相相对渗透率进行了研究，并分析了近混相驱油过程中的边界相影响作用。

与常规的稳态法、非稳态法相比，毛细管压力曲线法可用于计算渗流场更加复杂的非牛顿流体、流变性流体的相对渗透率曲线。并且毛细管压力曲线可以和其他岩心监测技术相结合获得岩心详细物性参数资料，应用范围较广[116]。

3）利用核磁共振监测技术

近年来，核磁共振技术广泛应用于医药工业、食品工业、石油与天然气工业等相关领域，是一种重要的分析手段。低场核磁共振技术主要用于测试分子间运动信息，当岩石内部有含氢流体时，核磁共振监测仪对流体氢质子施加外部磁场作用，测量其弛豫特征信号。用以表征岩石内部喉道半径，也可反映多孔介质中流体分布[112]。

低场核磁共振 T_2 谱反映岩石孔隙结构与孔喉半径对应关系如下：

$$\frac{1}{T_2} \approx \rho_2 \frac{S}{V} \approx \rho_2 \frac{F_s}{r} \qquad (1\text{-}4)$$

式中 S——岩石孔隙的表面积，cm^2；

V——孔隙体积，cm^3；

ρ_2——岩石横向表面弛豫率，$\mu m/ms$；

F_s——岩石孔隙形状因子，在毛细管束模型中取 F_s 为 2；

r——毛细管束模型中的等效孔喉半径。

当多孔介质中有流体变化时，T_2 谱包络线所围成的图形面积与多孔介质中含氢质子流体质量（体积）成正相关关系。T_2 谱的弛豫时间的大小可以间接反映岩石孔隙喉道尺寸分布，孔喉直径越大，弛豫时间也越大，根据岩石内部孔喉结构分布和流体饱和度变化可计算岩石油水相对渗透率[117-118]。

在岩石两相流动过程中，润湿相饱和度与 T_2 谱的振幅具有一定的关系[119]，认为岩石中流体饱和度可以归一化处理对应核磁共振 T_2 孔隙度累计幅度的大小，如图 1-7 所示。

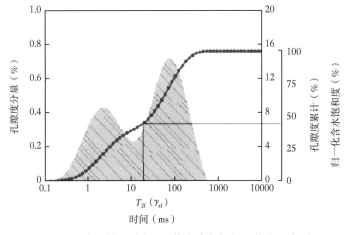

图 1-7　岩心核磁共振 T_2 谱孔隙度与归一化饱和度图

在理论依据上与毛细管压力方法近似，都是建立在 Purcell 推导出的毛细管束模型相对渗透率计算公式，利用的相互转换间接求取相对渗透率的方法，根据毛细管压力理论及流体梯度磁场理论，在水驱油测相对渗透率过程中，假设弛豫时间达到 T_{2i} 时，岩石中只有孔喉半径大于 $r_i = (\rho_2 T_2) F_s$ 的喉道中将只有水相存在，小于此半径的喉道内只赋存油相，则在较小孔喉半径的孔道中含水饱和度较高。利用 T_2 谱计算油水相对渗透率公式可以看作毛细管压力法的变形，如下：

$$K_{rw} = \frac{K_w}{K} = \frac{\int_{S_i}^{1} (\rho_2 T_{2i})^2 \mathrm{d}S}{\int_{0}^{1} (\rho_2 T_{2i})^2 \mathrm{d}S} \qquad (1\text{-}5)$$

$$K_{ro} = \frac{K_o}{K} = \frac{\int_{S_{wi}}^{S_i}(\rho_2 T_{2i})^2 dS}{\int_0^1(\rho_2 T_{2i})^2 dS} \qquad (1-6)$$

式中 S_i——含水饱和度,%;

ρ_2——岩石横向表面弛豫强度,μm/ms;

T_{2i}——某一含水饱和度下的弛豫时间;

K——渗透率;

K_w——水相渗透率;

K_{rw}——水相相对渗透率;

K_o——油相渗透率;

K_{ro}——油相相对渗透率。

相较于常规中高渗透率储层岩石,多相流体在低渗透率、非均质性较强的致密储层岩石中会遇到较多困难,受到岩石润湿性、毛细管压力的作用更大,孔隙结构在渗流中的影响是最主要的[120]。利用低场核磁共振对储层进行评价时可以在岩心尺度观察岩心内部流体特征变化,具有精准高效的特点,利用 T_2 谱求取相对渗透率的方法也可以定量预测相对渗透率。

五、压裂液返排理论

1. 常规储层压裂后返排理论

国内外许多学者已经在压裂液返排理论上提出了多种认识,其中,对于常规储层压裂后返排理论,主要有以下三种经典理论:(1)Robinson 等于 1988 年[121]提出的小排量早期返排工艺,认为低渗透率油藏裂缝闭合时间往往较长,大量的支撑剂在闭合前已经沉降,在压裂液返排前期采用小油嘴来控制返排速度从而减小闭合压力,控制支撑剂的回流,并降低破碎率,实现比较合理的支撑裂缝形态;(2)Ely 等于 1990 年[122-123]提出的强制裂缝闭合返排工艺,在压裂施工完成后的半分钟内,当监测到人工裂缝根部闭合时,立刻开始返排,在支撑剂不发生回流的前提下尽量使用大排量进行返排。强制裂缝闭合返排工艺可以减少压裂液对地层的伤害时间,对增大裂缝导流能力有积极作用。但这种返排工艺通常会改变支撑剂在裂缝内的分布,产生不理想的沙堤,因此这种返排工艺不具有普遍适用性,仅适用于部分特低渗透率油气藏。(3)Barree 和 Mukherjee 等于 1995 年[124]提出了反向脱砂工艺,这种返排工艺可以减少压裂液对储层的影响时间,降低压裂液伤害,增大人工压裂裂缝的支撑缝长,使支撑剂在近井筒有较好的铺置,裂缝有较大的导流能力,提高压裂增产效果。对于返排时间的确定方法一般是根据裂缝自然闭合模型,当地层闭合应力与裂缝内压力差值得到临界应力时所对应的时间。

常规储层返排时机优化方法大多数基于裂缝闭合模型[125-128],当地层闭合应力与缝内压力差值达到临界应力时所对应时间,即为返排时机。

2. 非常规储层压裂后返排规律

国内外对于非常规储层压裂后放喷规律研究不多,大多根据统计分析结果,且考虑到的影响因素单一[129-132],但是,利用返排数据和早期生产数据分析致密油储层分段压裂水平井改造效果具有现实意义[133-134]。因此，对于返排时机的把握变得越来越重要。此外，借鉴页岩气藏多级压裂后产量与返排率的矛盾关系，研究发现：（1）天然裂缝越发育，压裂后形成的缝网越复杂，气井返排率越低，产气量越高；（2）储层页岩毛细管吸渗作用越强，气井返排率越低，单井产能越高；因此，建议不宜一味追求高返排率。

对于致密油储层返排的研究，传统的理念也需要发生转变：（1）不再追求高返排率，而是对返排时机进行有效控制；（2）根据相对渗透率变化来确定返排时机，不仅初期产能高，同时还要求稳产时间也长。

六、低场核磁共振技术在多孔介质中的应用

1. 低场核磁共振技术基本原理

近年来，核磁共振技术广泛应用于医药工业、食品工业、石油与天然气工业等相关领域，成为一种重要的分析检测手段。按照磁场强度的不同，可分为高场（大于1T）、中场（0.5~1T）和低场（小于0.5 T）。高场核磁共振主要用于分子化学结构测定，根据化学位移得到分子内部结构信息，属于微观领域（分子内部）。相比之下，低场核磁共振主要用于测试分子间的动力学信息，通过弛豫时间得到分子动力学信息，可反映多孔介质中流体分布特征，属于亚微观领域（分子之间）。

核磁共振仪器分析测量的理论基础在于，具有磁性的原子核与施加的外部磁场互相作用之后，岩石孔隙中含氢流体的弛豫特征信号得以接收。具体而言，氢质子在预设的外加射频脉冲作用下发生共振，吸收射频脉冲能量。当停止发射射频脉冲后，被吸收的射频能量从氢质子中释放出来，利用特制的检测装置就能检测到射频能量释放的过程，获得的信号资源就是核磁共振信号。不同的测试样品，由于其内部孔隙结构的差异，所以其能量释放的时间存在差异，通过这些信号差异就可以反映出样品内孔隙的分布特征。

2. T_2 谱含义

当多孔介质被水或油饱和时，T_2 分布曲线（即 T_2 谱）与坐标轴包围的面积，与多孔介质中含氢质子的流体质量呈正相关关系，即 T_2 曲线沿弛豫时间的累积积分面积反映了岩石孔隙中含氢质子的流体质量。因此，岩石的孔隙度能够被标准刻度化的弛豫时间来度量。岩石孔隙介质中的流体主要包含三种不同的弛豫机制：自由流体的弛豫机制、表面流体的弛豫机制、分子扩散弛豫机制[135-136]。通常，当磁场均匀分布且磁场梯度变化不大时，可以忽略体弛豫和扩散弛豫影响，进一步可以将横向弛豫时间 T_2 与孔喉半径构建相应函数关系。

自旋回波串衰减的幅度可以用一组指数衰减的和来精确拟合。

$$S(t) = \sum A_i \exp\left(-\frac{t}{T_{2i}}\right) \qquad (1-7)$$

式中　$S(t)$——t 时刻的回波幅度；

A_i——第 i 种分量零时刻的信号大小；

T_{2i}——第 i 弛豫分量的横向弛豫时间。

衰减曲线由孔隙中流体衰减信号叠加而成，然后利用数学方法对回波串进行拟合，从而得到各 T_{2i} 的信号幅度 A_i，也就是不同大小孔隙的比例分布，即弛豫时间谱。T_2 与岩石孔隙尺寸存在正相关性，即孔隙越小，T_2 越小；孔隙越大，T_2 越大。

3. 致密岩心表面弛豫率

T_2 谱反映了多孔介质中孔隙分布特征，压汞测试孔径分布反映了喉道分布特征。将与 T_2 谱与压汞实测喉道分布进行匹配的一种常用方法是使用分段幂指数拟合函数，取得了很好的拟合效果[137-138]，但由于与 T_2 谱与压汞实测喉道半径各自对应的分布频率难以实现一一对应，拟合得到的结果不能反映真实的孔隙尺寸分布特征。对于致密岩心而言，孔隙与喉道差异较小，可以近似认为采用两种测试手段测定得到了孔隙尺寸一致。因此，通过确定表面弛豫率，可以有效地建立 T_2 谱与孔径分布的一一对应关系。

对于同一岩心样品，表面弛豫率通常作为常数处理，其计算方法大致可分为三类：（1）利用孔径分布拟合弛豫时间，包括压汞法[138]和氮气吸附法[139]两种方式；（2）利用比表面积拟合弛豫时间，包括氮气吸附[140]、阳离子交换量[139]和成像分析[142-143]三种方式；（3）仅依靠核磁共振测试进行计算[144-145]，即使用 CPMG 或 IR 脉冲序列和有限的扩散脉冲序列测试（如脉冲场梯度和脉冲场梯度激发回波）这种方式。其中，第三种方法不适用于非常规致密岩心样品，因为在这类存在大量微米—纳米级孔隙的岩心中，扩散弛豫现象影响显著，氢质子快速弛豫更复杂，对测试结果影响较大。第一种和第二种方法则是间接测量方法，其测定结果取决于使用何种测量手段评价致密岩心的孔隙度，表面积和孔径分布等，这其中，又以第一种方法应用最为广泛。Saidian 等[146]基于毛细管模型假设，选取 T_2 平均值与压汞孔径平均值确定巴肯致密岩心表面弛豫率为 $1 \sim 3 \mu m/s$，根据比氮气吸附法测定的孔隙半径平均值计算得到表面弛豫率为 $0.1 \sim 0.5\ \mu m/s$，即表面弛豫率计算结果与选择的评价方法密切相关。表面弛豫率受铁磁性物质影响极大，其数值与伊利石含量成正相关关系。黏土矿物含量超过 20% 时，由 T_2 谱换算得到孔喉半径分布曲线与压汞曲线一致性较好；反之，则拟合效果较差。

间接评价方法中，关于选择 T_2 谱与压汞法或氮气吸附法，主要取决于致密岩心本身孔隙结构特征，孔隙尺度更小的页岩岩心更适合采用氮气吸附法，而致密砂岩岩心则更适合采用压汞评价方法，将低场 T_2 谱测定结果与高压压汞测定的孔喉分布结果进行比对（分别选取 T_2 对数平均值和高压压汞测定的孔隙半径平均值），可以求解表面弛豫率。但是由于高压压汞测试过程耗时耗力，操作流程复杂，需要提出一种更简洁、快速的测量方式。

4. T_2 截止值

T_2 截止值反映了孔隙中流体流动的界限，高于这个值时，流体为可动流体；反之，则为束缚流体。对于油水两相渗流过程，T_2 截止值常通过高速离心后 T_2 谱累积积分曲线获得。借鉴离心法确定 T_2 截止值原理，可以采取类似的处理方法，通过求解残余油饱和度下对应的 T_2 值确定表面弛豫率。

第三节 研 究 内 容

水平井分段压裂改造过程中需注入规模压裂液，停泵后，大量压裂液通过滤失作用由裂缝进入基质（图1-8、图1-9），形成两相渗流区，分别是滤失作用（压差作用）为主导且伴随渗吸作用（毛细管压力作用）的两相渗流区和渗吸作用主导的两相对渗透率流区。

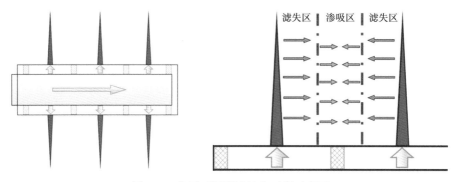

图 1-8　停泵后压裂液滤失过程示意图

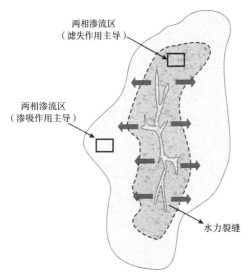

图 1-9　压裂后闷井过程中两
相对渗透率流区域示意图

相应地，根据井底压力随时间变化关系曲线（图 1-10），可将闷井过程划分为以滤失作用为主导且伴随渗吸作用的压力递减阶段（即渗吸滤失阶段）和以渗吸作用为主导的压力稳定阶段（即带压渗吸阶段）。

如何充分利用闷井过程中发生的渗吸置换作用，是提高致密油储层采收率的关键。本书以鄂尔多斯盆地致密油重点区块为研究对象开展研究。针对闷井到返排整个物理过程进行模拟，从微观上解释渗吸置换作用提高采收率机理，为宏观上闷井时机和返排参数的优化提供技术支持。

（1）致密油储层物性特征研究：
①目标区块概况与取心情况；

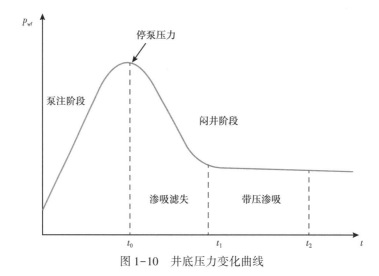

图 1-10　井底压力变化曲线

②储层物性参数特征。

（2）基于低场核磁共振技术的致密岩心孔隙结构特征：

①致密岩心微米—纳米级孔隙内油量标定；

②低场 T_2 谱与压汞孔径分布换算；

③微米—纳米级孔隙中油相分布规律。

（3）致密油储层压后闷井微观机理：

①致密岩心带压渗吸规律；

②致密岩心滤失渗吸规律；

③闷井时间计算方法。

（4）带压渗吸对残余油饱和影响：

①孔径分布特征；

②束缚水流体分布特征；

③残余油流体分布特征；

④带压渗吸作用对残余油饱和度的影响。

（5）致密油储层相对渗透率规律：

①基于分形理论构建相对渗透率模型；

②毛细管压力模型验证及相对渗透率曲线计算；

③相对渗透率模型验证；

④考虑渗吸作用影响的相对渗透率规律。

（6）致密油储层返排规律：

①压裂后返排物理模拟新方法；

②致密砂岩岩心与中高渗透率砂岩岩心返排对比；

③自发渗吸与带压渗吸返排对比；

④带压渗吸返排压力优化；

⑤残余油饱和度下带压渗吸作用对压裂液滞留的影响。

参 考 文 献

［1］Clarkson C R, Pedersen P K. Production Analysis of Western Canadian Unconventional Light Oil Plays ［C］. SPE 149005, 2011.

［2］Annual Energy Outlook 2011 with Projections to 2035 ［R］. United States, Energy Information Administration, 2011.

［3］周庆凡，杨国丰. 致密油与页岩油的概念与应用 ［J］. 石油与天然气地质，2012（4）：541-544，570.

［4］邹才能，朱如凯，白斌，等. 致密油与页岩油内涵、特征、潜力及挑战 ［J］. 矿物岩石地球化学通报，2015（1）：3-17，1-2.

［5］贾承造，郑民，张永峰，等. 中国非常规油气资源与勘探开发前景 ［J］. 石油勘探与开发，2012（2）：129-136.

［6］中国国家标准化管理委员会 GB/T 34906—2017 致密油地质评价方法 ［S］. 北京：中国标准出版社，2017.

［7］Makhanov K, Habibi A, Dehghanpour H, et al. Liquid Uptake of Gas Shales: A Workflow to Estimate Water

Loss During Shut-in Periods After Fracturing Operations〔J〕. Journal of Unconventional Oil and Gas Resources, 2014, 7（Supplement C）: 22-32.

〔8〕 Milner M, Mclin R, Petriello J. Imaging Texture and Porosity in Mudstones and Shales: Comparison of Secondary and Ion-Milled Backscatter SEM Methods〔R〕. SPE 138975, 2010.

〔9〕 Zhang H, Bai B, Song K, et al. Shale Gas Hydraulic Flow Unit Identification Based on SEM-FIB Tomography〔R〕. SPE 160143, 2012.

〔10〕 Bai B, Zhu R, Wu S, et al. Multi-scale Method of Nano（Micro）-CT Study on Microscopic Pore Structure of Tight Sandstone of Yanchang Formation, Ordos Basin〔J〕. Petroleum Exploration and Development, 2013, 40（3）: 354-358.

〔11〕 Clarkson C R, Jensen J L, Pedersen P K, et al. Innovative Methods for Flow-unit and Pore-structure Analyses in a Tight Siltstone and Shale Gas Reservoir〔J〕. AAPG Bulletin, 2012, 96（2）: 355-374.

〔12〕 Kuila U, Mccarty D K, Derkowski A, et al. Total Porosity Measurement in Gas Shales by the Water Immersion Porosimetry（WIP）Method〔J〕. Fuel, 2014, 117: 1115-1129.

〔13〕 Zhao H, Ning Z, Wang Q, et al. Petrophysical Characterization of Tight Oil Reservoirs Using Pressure-controlled Porosimetry Combined with Rate-controlled Porosimetry〔J〕. Fuel, 2015, 154: 233-242.

〔14〕 肖佃师, 卢双舫, 陆正元, 等. 联合核磁共振和恒速压汞方法测定致密砂岩孔喉结构〔J〕. 石油勘探与开发, 2016（6）: 961-970.

〔15〕 Saidian M, Kuila U, Rivera S, et al. Porosity and Pore Size Distribution in Mudrocks: A Comparative Study for Haynesville, Niobrara, Monterey and Eastern European Silurian Formations〔R〕. URTEC 1922745, 2014.

〔16〕 Yao Y, Liu D. Comparison of Low-field NMR and Mercury Intrusion Porosimetry in Characterizing Pore Size Distributions of Coals〔J〕. Fuel, 2012, 95: 152-158.

〔17〕 Zhao H, Ning Z, Zhao T, et al. Applicability Comparison of Nuclear Magnetic Resonance and Mercury Injection Capillary Pressure in Characterisation Pore Structure of Tight Oil Reservoirs〔C〕. SPE, 2015.

〔18〕 Jiang T, Rylander E, Singer P M, et al. Integrated Petrophysical Interpretation of Eagle Ford Shale with 1-D and 2-D Nuclear Magnetic Resonance（NMR）〔C〕. SPWLA 54th Annual Logging Symposium, 2013.

〔19〕 Saidian M, Rasmussen T, Nasser M, et al. Qualitative and Quantitative Reservoir Bitumen Characterization: A Core to Log Correlation Methodology〔J〕. Interpretation, 2015, 3（1）.

〔20〕 Rouquerol J, Avnir D, Fairbridge C W, et al. Recommendations for the Characterization of Porous Solids（Technical Report）〔J〕. Pure and Applied Chemistry, 1994, 66（8）: 1739-1758.

〔21〕 Loucks R G, Reed R M, Ruppel S C, et al. Spectrum of Pore Types and Networks in Mudrocks and a Descriptive Classification for Matrix-related Mudrock Pores〔J〕. AAPG Bulletin, 2012, 96（6）: 1071-1098.

〔22〕 邹才能, 朱如凯, 白斌, 等. 中国油气储层中纳米孔首次发现及其科学价值〔J〕. 岩石学报, 2011（6）: 1857-1864.

〔23〕 国家能源局. SY/T 6285—2011 油气储层评价方法〔S〕. 北京: 石油工业出版社, 2011.

〔24〕 邹才能, 杨智, 陶士振, 等. 纳米油气与源储共生型油气聚集〔J〕. 石油勘探与开发, 2012（1）: 13-26.

〔25〕 高树生, 胡志明, 刘华勋, 等. 不同岩性储层的微观孔隙特征〔J〕. 石油学报, 2016（2）: 248-256.

〔26〕 朱如凯, 吴松涛, 崔景伟, 等. 油气储层中孔隙尺寸分级评价的讨论〔J〕. 地质科技情报, 2016（3）: 133-144.

〔27〕 Klinkenberg L J. The Permeability of Porous Media To Liquids And Gases〔C〕. Drilling and Production Practice, 1941.

［28］Tanikawa W, Shimamoto T. Comparison of Klinkenberg-corrected Gas Permeability and Water Permeability in Sedimentary Rocks ［J］. International Journal of Rock Mechanics and Mining Sciences, 2009, 46（2）: 229-238.

［29］Amannhildenbrand A, Ghanizadeh A, Krooss B M. Transport Properties of Unconventional Gas Systems ［J］. Marine and Petroleum Geology, 2012, 31（1）: 90-99.

［30］Ziarani A S, Aguilera R. Knudsen's Permeability Correction for Tight Porous Media ［J］. Transport in Porous Media, 2012, 91（1）: 239-260.

［31］Javadpour F. Nanopores and Apparent Permeability of Gas Flow in Mudrocks（Shales and Siltstone）［J］. Journal of Canadian Petroleum Technology, 2009, 48（8）: 16-21.

［32］Civan F. Effective Correlation of Apparent Gas Permeability in Tight Porous Media ［J］. Transport in Porous Media, 2010, 82（2）: 375-384.

［33］Thomas R D, Ward D C. Effect of Overburden Pressure and Water Saturation on Gas Permeability of Tight Sandstone Cores ［J］. Journal of Petroleum Technology, 1972, 24（02）: 120-124.

［34］Ali H S, Al-Marhoun M A, Abu-Khamsin S A, et al. The Effect of Overburden Pressure on Relative Permeability ［R］. SPE 15730, 1987.

［35］Tian X, Cheng L, Cao R, et al. A New Approach to Calculate Permeability Stress Sensitivity in Tight Sandstone Oil Reservoirs Considering Micro-pore-throat Structure ［J］. Journal of Petroleum Science and Engineering, 2015, 133（Supplement C）: 576-588.

［36］Shar A M, Mahesar A A, Chandio A D, et al. Impact of Confining Stress on Permeability of Tight Gas Sands: an Experimental Study ［J］. Journal of Petroleum Exploration and Production Technology, 2017, 7（3）: 717-726.

［37］Jaripatke O A, Chong K K, Grieser W V, et al. A Completions Roadmap to Shale-Play Development: A Review of Successful Approaches toward Shale-Play Stimulation in the Last Two Decades ［R］. SPE 130369, 2010.

［38］Buffington N, Kellner J, King J G, et al. New Technology in the Bakken Play Increases the Number of Stages in Packer/Sleeve Completions ［R］. SPE 133540, 2010.

［39］吴奇, 胥云, 王晓泉, 等. 非常规油气藏体积改造技术——内涵、优化设计与实现 ［J］. 石油勘探与开发, 2012（3）: 352-358.

［40］孙张涛, 田黔宁, 吴西顺, 等. 国外致密油勘探开发新进展及其对中国的启示 ［J］. 中国矿业, 2015（9）: 7-12.

［41］景东升, 丁锋, 袁际华, 等. 美国致密油勘探开发现状、经验及启示 ［J］. 国土资源情报, 2012（1）: 18-19+45.

［42］杜金虎, 何海清, 杨涛, 等. 中国致密油勘探进展及面临的挑战 ［J］. 中国石油勘探, 2014（1）: 1-9.

［43］康玉柱. 中国致密岩油气资源潜力及勘探方向 ［J］. 天然气工业, 2016（10）: 10-18.

［44］杜金虎, 刘合, 马德胜, 等. 试论中国陆相致密油有效开发技术 ［J］. 石油勘探与开发, 2014（2）: 198-205.

［45］赵立强, 牟媚, 罗志锋, 等. 中国致密油储层改造理念及技术展望 ［J］. 西南石油大学学报（自然科学版）, 2016（6）: 111-118.

［46］李忠兴, 屈雪峰, 刘万涛, 等. 鄂尔多斯盆地长7段致密油合理开发方式探讨 ［J］. 石油勘探与开发, 2015（2）: 217-221.

［47］王平平, 李秋德, 张博, 等. 胡尖山油田安83区长7致密油藏水平井地层能量补充方式研究 ［J］. 石油工业技术监督, 2015（9）: 1-3.

［48］郭秋麟，武娜，陈宁生，等. 鄂尔多斯盆地延长组第 7 油层组致密油资源评价［J］. 石油学报，2017（6）：658-665.

［49］杨智，付金华，郭秋麟，等. 鄂尔多斯盆地三叠系延长组陆相致密油发现、特征及潜力［J］. 中国石油勘探，2017（6）：9-15.

［50］Barzegar Alamdari B, Kiani M, Kazemi H. Experimental and Numerical Simulation Of Surfactant-Assisted Oil Recovery In Tight Fractured Carbonate Reservoir Cores［C］. SPE 153902, 2012.

［51］Dehghanpour H, Lan Q, Saeed Y, et al. Spontaneous Imbibition of Brine and Oil in Gas Shales: Effect of Water Adsorption and Resulting Microfractures［J］. Energy & Fuels, 2013, 27 (6): 3039-3049.

［52］Kathel P, Mohanty K K. Wettability Alteration in a Tight Oil Reservoir［J］. Energy & Fuels, 2013, 27 (11): 6460-6468.

［53］Roychaudhuri B, Xu J, Tsotsis T T, et al. Forced and Spontaneous Imbibition Experiments for Quantifying Surfactant Efficiency in Tight Shales［C］. SPE 169500, 2014.

［54］Habibi A, Xu M, Dehghanpour H, et al. Understanding Rock-Fluid Interactions in the Montney Tight Oil Play［R］. SPE 175924, 2015.

［55］Habibi A, Binazadeh M, Dehghanpour H, et al. Advances in Understanding Wettability of Tight Oil Formations［R］. SPE 175157, 2015.

［56］Ghanbari E, Abbasi M A, Dehghanpour H, et al. Flowback Volumetric and Chemical Analysis for Evaluating Load Recovery and Its Impact on Early-Time Production［R］. SPE 167165, 2013.

［57］Ghanbari E, Dehghanpour H. The Fate of Fracturing Water: A field and Simulation Study［J］. Fuel, 2016, 163: 282-294.

［58］Carpenter C. Impact of Liquid Loading in Hydraulic Fractures on Well Productivity［J］. Journal of Petroleum Technology, 2013, 65 (11): 162-165.

［59］Lan Q, Ghanbari E, Dehghanpour H, et al. Water Loss Versus Soaking Time: Spontaneous Imbibition in Tight Rocks［J］. Energy Technology, 2014, 2 (12): 1033-1039.

［60］Zhang X, Morrow N R, Ma S. Experimental Verification of a Modified Scaling Group for Spontaneous Imbibition［J］. Spe Reservoir Engineering, 1996, 11 (04): 280-285.

［61］Shouxiang M, Morrow N R, Zhang X. Generalized Scaling of Spontaneous Imbibition Data for Strongly Water-wet Systems［J］. Journal of Petroleum Science and Engineering, 1997, 18: 165-178.

［62］Roychaudhuri B, Tsotsis T T, Jessen K. An Experimental Investigation of Spontaneous Imbibition in Gas Shales［J］. Journal of Petroleum Science and Engineering, 2013, 111: 87-97.

［63］Makhanov K, Habibi A, Dehghanpour H, et al. Liquid Uptake of Gas Shales: A Workflow to Estimate Water Loss During Shut-in Periods After Fracturing Operations［J］. Journal of Unconventional Oil and Gas Resources, 2014, 7 (Supplement C): 22-32.

［64］Mason G, Morrow N R. Developments in Spontaneous Imbibition and Possibilities for Future work［J］. Journal of Petroleum Science and Engineering, 2013, 110: 268-293.

［65］Raeesi B. Measurement and Pore-scale Modelling of Capillary Pressure Hysteresis in Strongly Water-wet Sandstones［D］. Laramie, Wyoming: University of Wyoming, 2012.

［66］Wei B, Chang Q, Yan C. Wettability Determined by Capillary Rise with Pressure Increase and Hydrostatic Effects［J］. Journal of Colloid and Interface Science, 2012, 376 (1): 307-311.

［67］Hatiboglu C U, Babadagli T. Oil Recovery by Counter-current Spontaneous Imbibition: Effects of Matrix Shape Factor, Gravity, IFT, Oil Viscosity, Wettability, and Rock Type［J］. Journal of Petroleum Science and Engineering, 2007, 59: 106-122.

［68］Al-Attar H H. Experimental Study of Spontaneous Capillary Imbibition in Selected Carbonate Core Samples

［J］. Journal of Petroleum Science and Engineering, 2010, 70（3）: 320-326.

［69］ Handy L L. Determination of Effective Capillary Pressures for Porous Media from Imbibition Data［C］. SPE 1361, 1960.

［70］ Iffly R, Rousselet D C, Vermeulen J L. Fundamental Study of Imbibition in Fissured Oil Fields［C］. SPE 4102, 1972.

［71］ Mannon R W, Chilingar G V. Experiments on Effect of Water Injection Rate on Imbibition Rate in Fractured Reservoirs［C］. SPE 4101, 1972.

［72］ Washburn E W. The Dynamics of Capillary Flow［J］. Physical Review, 1921, 17（3）: 273-283.

［73］ Unsal E, Mason G, Morrow N R, et al. Co-current and Counter-current Imbibition in Independent Tubes of Non-axisymmetric Geometry［J］. Journal of Colloid and Interface Science, 2007, 306（1）: 105-117.

［74］ Standnes D C. Scaling Spontaneous Imbibition of Water Data Accounting for Fluid Viscosities［J］. Journal of Petroleum Science and Engineering, 2010, 73: 214-219.

［75］ Cai J, Yu B, Zou M, et al. Fractal Characterization of Spontaneous Co-current Imbibition in Porous Media ［J］. Energy & Fuels, 2010, 24（3）: 1860-1867.

［76］ Cai J, Perfect E, Cheng C, et al. Generalized Modeling of Spontaneous Imbibition Based on Hagen-Poiseuille Flow in Tortuous Capillaries with Variably Shaped Apertures［J］. Langmuir, 2014, 30（18）: 5142-5151.

［77］ Dong M, Dullien F a L, Dai L, et al. Immiscible Displacement in the Interacting Capillary Bundle Model. Part I. Development of Interacting Capillary Bundle Model［J］. Transport in Porous Media, 2005, 59（1）: 1-18.

［78］ Dong M, Dullien F a L, Dai L, et al. Immiscible Displacement in the Interacting Capillary Bundle Model Part II. Applications of Model and Comparison of Interacting and Non-Interacting Capillary Bundle Models ［J］. Transport in Porous Media, 2006, 63（2）: 289-304.

［79］ Wang J, Dong M, Yao J. Calculation of Relative Permeability in Reservoir Engineering Using an Interacting Triangular Tube Bundle Model［J］. Particuology, 2012, 10（6）: 710-721.

［80］ Li S, Dong M, Luo P. A Crossflow Model for an Interacting Capillary Bundle: Development and Application for Waterflooding in Tight Oil Reservoirs［J］. Chemical Engineering Science, 2017, 164（Supplement C）: 133-147.

［81］ Mcwhorter D B, Sunada D K. Exact Integral Solutions for Two-phase Flow［J］. Water Resources Research, 1990, 26（3）: 399-413.

［82］ Schmid K S, Geiger S, Sorbie K S. Semianalytical Solutions for Cocurrent and Countercurrent Imbibition and Dispersion of Solutes in Immiscible Two-phase Flow［J］. Water Resources Research, 2011, 47（2）.

［83］ Schmid K S, Geiger S. Universal Scaling of Spontaneous Imbibition for Water-wet Systems［J］. Water Resources Research, 2012, 48（3）.

［84］ Schmid K S, Geiger S. Universal Scaling of Spontaneous Imbibition for Arbitrary Petrophysical Properties: Water-wet and Mixed-wet States and Handy's Conjecture［J］. Journal of Petroleum Science and Engineering, 2013, 101: 44-61.

［85］ Li K, Horne R N. An Analytical Scaling Method for Spontaneous Imbibition in Gas/Water/Rock Systems ［J］. SPE Journal, 2004, 9（03）: 322-329.

［86］ Mattax C C, Kyte J R. Imbibition Oil Recovery from Fractured, Water-Drive Reservoir［J］. SPE Journal, 1962, 2（2）: 177-184.

［87］ Mason G, Fischer H, Morrow N R, et al. Correlation for the Effect of Fluid Viscosities on Counter-current Spontaneous Imbibition［J］. Journal of Petroleum Science and Engineering, 2010, 72（1-2）: 195-205.

［88］ Standnes D C. Experimental Study of the Impact of Boundary Conditions on Oil Recovery by Co-Current and

Counter-Current Spontaneous Imbibition [J]. Energy & Fuels, 2004, 18 (1): 271-282.

[89] Mason G, Fischer H, Morrow N R, et al. Oil Production by Spontaneous Imbibition from Sandstone and Chalk Cylindrical Cores with Two Ends Open [J]. Energy & Fuels, 2010, 24 (2): 1164-1169.

[90] Haugen Å, Fernø M A, Mason G, et al. Capillary Pressure and Relative Permeability Estimated from a Single Spontaneous Imbibition Test [J]. Journal of Petroleum Science and Engineering, 2014, 115 (Supplement C): 66-77.

[91] Mason G, Fischer H, Morrow N R, et al. Spontaneous Counter-Current Imbibition into Core Samples with All Faces Open [J]. Transport in Porous Media, 2009, 78 (2): 199-216.

[92] Mason G, Fernø M A, Haugen Å, et al. Spontaneous Counter-current Imbibition Outwards from a Hemispherical Depression [J]. Journal of Petroleum Science and Engineering, 2012, 90-91 (Supplement C): 131-138.

[93] Standnes D C. Scaling Group for Spontaneous Imbibition Including Gravity [J]. Energy & Fuels, 2010, 24 (5): 2980-2984.

[94] Mirzaei-Paiaman A. Analysis of Counter-current Spontaneous Imbibition in Presence of Resistive Gravity Forces: Displacement Characteristics and Scaling [J]. Journal of Unconventional Oil and Gas Resources, 2015, 12 (Supplement C): 68-86.

[95] Ghaedi M, Riazi M. Scaling Equation for Counter Current Imbibition in the Presence of Gravity Forces Considering Initial Water Saturation and SCAL Properties [J]. Journal of Natural Gas Science and Engineering, 2016, 34: 934-947.

[96] Elamin M F, Salama A, Sun S. A Generalized Power-law Scaling Law for a Two-phase Imbibition in a Porous Medium [J]. Journal of Petroleum Science and Engineering, 2013, 111: 159-169.

[97] Tang G, Firoozabadi A. Effect of Pressure Gradient and Initial Water Saturation on Water Injection in Water-Wet and Mixed-Wet Fractured Porous Media [J]. SPE Reservoir Evaluation & Engineering, 2001, 4 (06): 516-524.

[98] Fini M F, Riahi S, Bahramian A. Experimental and QSPR Studies on the Effect of Ionic Surfactants on n-Decane-Water Interfacial Tension [J]. Journal of Surfactants and Detergents, 2012, 15 (4): 477-484.

[99] Adibhatla B, Mohanty K K. Parametric Analysis of Surfactant-aided Imbibition in Fractured carbonates [J]. Journal of Colloid and Interface Science, 2008, 317 (2): 513-522.

[100] Standnes D C, Austad T. Wettability Alteration in Chalk 2. Mechanism for Wettability Alteration from Oil-wet to Water-wet Using Surfactants [J]. Journal of Petroleum Science and Engineering, 2000, 28 (3): 123-143.

[101] Amirpour M, Shadizadeh S R, Esfandyari H, et al. Experimental Investigation of Wettability Alteration on Residual oil Saturation Using Nonionic Surfactants: Capillary Pressure Measurement [J]. Petroleum, 2015, 1 (4): 289-299.

[102] Nasralla R A, Bataweel M A, Nasreldin H A. Investigation of Wettability Alteration and Oil-Recovery Improvement by Low-Salinity Water in Sandstone Rock [J]. Journal of Canadian Petroleum Technology, 2013, 52 (02): 144-154.

[103] Richards L A. Capillary Conduction of Liquids through Porous Medium [J]. Physics, 1931 (1): 318-333.

[104] Buckley S. E. and Leverett, M. C. Mechanism of Fluid Displacement in Sands [J]. Trans, ATME, 1942, 146: 107-116.

[105] 中国国家标准化管理委员会 GB/T 28912—2012. 岩石中两相流体相对渗透率测定方法 [S]. 北京: 中国标准出版社, 2013.

［106］Toth J, Bodi T and Szucs P, Near–Wellbore Field Water/Oil Relative Permeability Inferred from Produc-tion with Increasing Water Cut ［R］. SPE 102312, 2006.

［107］董大鹏. 考虑启动压力梯度的相对渗透率计算 ［J］. 天然气工业, 2007, 27 （10）: 95-96.

［108］宋付权, 刘慈群. 低渗透油藏启动压力梯度的简单测量 ［J］. 特种油气藏, 2000, 7 （1）: 23-25.

［109］李爱芬. 特低渗透油藏渗流特征实验研究 ［J］. 西安石油大学学报 （自然科学版）, 2003, 23 （2）: 35-39.

［110］杨悦, 李相方. 考虑非达西渗流及毛细管压力的低渗油藏油水相对渗透率计算新方法 ［J］. 科学技术与工程, 2012, 12 （33）: 8849-8854.

［111］Young T. An essay on the cohesion of fluids ［J］. Philosophical Transac–tions of the Royal Society of Lon-don, 1805 （95）: 65-87.

［112］Brooks R H, Corey A T. Properties of porous media affecting fluid–flow ［J］. Irrigation and Drainage Divi-sion ASCE, 1966 （92）: 61-88.

［113］Corey A T, Rathjens C H, Henderson J H, et al. Three–Phase relative permeability ［J］. Journal of Pe-troleum Technology, 1956, 8 （11）: 63-65.

［114］Li Y S, Li X F, Teng S N, et al. Improved models to predict gas–water relative permeability in fractures and porous media ［J］. Journal of Natural Gas Science and Engineering, 2014, 19: 190-201.

［115］王珍. CO_2 驱油过程中的相对渗透率研究 ［D］. 东营: 中国石油大学 （华东）, 2009.

［116］唐永强, 吕程远. 用毛细管压力曲线计算相对渗透率曲线的方法综述 ［J］. 科学技术与工程, 2015, 15 （22）: 90-98.

［117］何雨丹, 毛志强, 肖立志, 等. 核磁共振 T_2 分布评价岩石孔径分布的改进方法 ［J］. 地球物理学报, 2005, 48 （2）: 373-378.

［118］Timur A. Producible Porosity And Permeability Of Sandstone Investigated Through Nuclear Magnetic Reso-nance Principles. Society of Petrophysicists and Well–Log Analysts ［J］. The Log Analyst, 1969 （2）: 3-11.

［119］Coates U, et al. A New Characterization of Bulk–Volume irreducible Using Magnetic Resonance ［C］. SP-WLA 38th Annual Logging Symposium, 1997. 9-16.

［120］白松涛, 万金彬. 利用核磁共振 T_2 谱计算相对渗透率曲线方法研究 ［J］. 测井技术, 2015, 39 （6）: 690-692.

［121］Robinson B M, Holditch S A, Whitehead W S. Minimizing damage to a propped fracture by controlled flow-back procedures ［J］. Journal of Petroleum Technology, 1988, 40 （6）: 753-759.

［122］Ely J W. Experience proves forced fracture closure works ［J］. World Oil, 1995, 217 （1）.

［123］Ely J W, Arnold W T, Holditch S A. New Techniques and Quality Control Find Success in Enhancing Pro-ductivity and Minimizing Proppant Flowback ［C］. SPE 20708, 1990.

［124］Barree R D. Engineering Criteria for Fracture Flowback Procedures ［J］. 1995: 567-580.

［125］Liu P L, Xue H, Meng X H, et al. Establishing and Solving a Model for Matching Fracturing Fluid Flow-back ［J］. Advanced Materials Research, 2012, 548: 641-646.

［126］汪翔. 裂缝闭合过程中压裂液返排机理研究与返排控制 ［D］. 北京: 中国科学院研究生院 （渗流流体力学研究所）, 2004.

［127］许雷, 郭大立, 孙涛, 等. 压裂压后裂缝闭合模型及其应用 ［J］. 重庆科技学院学报: 自然科学版, 2012, 14 （3）: 47-49.

［128］李勇明, 王琰琛, 马汉伟. 页岩储层多段压裂后裂缝自然闭合压力递减规律 ［J］. 油气地质与采收率, 2016, 23 （2）: 98-102.

［129］蒋廷学, 卞晓冰, 王海涛, 等. 页岩气水平井分段压裂排采规律研究 ［J］. 石油钻探技术, 2013

25

　　　（5）：21-25.

［130］卞晓冰，蒋廷学，苏瑗，等. 裂缝参数对压裂后页岩气水平井排采影响［J］. 特种油气藏，2014，
　　　21（4）：126-129.

［131］Willia ms-Kovacs J D, Clarkson C R, Zanganeh B. Case Studies in Quantitative Flowback Analysis［C］.
　　　SPE/CSUR Unconventional Resources Conference, 2015.

［132］Zanganeh B, Soroush M, William-Kovacs J D, et al. Parameters Affecting Load Recovery and Oil Break-
　　　through Time after Hydraulic Fracturing in Tight Oil Wells［C］. SPE, 2015.

［133］Ezulike O D, Dehghanpour H, Virues C J J, et al. A Flowback-Guided Approach for Production Data A-
　　　nalysis in Tight Reservoirs［C］. SPE, 2014.

［134］Clarkson C R, Qanbari F, Willia ms-Kovacs J D. Semi-analytical model for matching flowback and early-
　　　time production of multi-fractured horizontal tight oil wells［J］. Journal of Unconventional Oil & Gas Re-
　　　sources, 2016, 15：134-145.

［135］Timur A. Producible Porosity And Permeability of Sandstone Investigated Through Nuclear Magnetic Reso-
　　　nance Principles［J］. Society of Petrophysicists and Well-Log Analysts, 1968, 10（1）：3-11.

［136］Timur A. Pulsed Nuclear Magnetic Resonance Studies of Porosity, Movable Fluid, and Permeability of
　　　Sandstones［J］. Journal of Petroleum Technology, 1969（1）.

［137］Marschall D, Gardner J S, Mardon D, et al. Method for Correlating NMR Relaxometry and Mercury Injec-
　　　tion Data［R］. SCA 9511, 1995.

［138］Xiao L, Mao Z-Q, Zou C-C, et al. A New Methodology of Constructing Pseudo Capillary Pressure（Pc）
　　　Curves from Nuclear Magnetic Resonance（NMR）logs［J］. Journal of Petroleum Science and Engineer-
　　　ing, 2016, 147（Supplement C）：154-167.

［139］Kleinberg R L. Utility of NMR T2 Distributions, Connection with Capillary Pressure, Clay Effect, and
　　　Determination of the Surface Relaxivity Parameter ρ_2［J］. Magnetic Resonance Imaging, 1996, 14（7）：
　　　761-767.

［140］Rivera S, Saidian M, Godinez L J, et al. Effect of Mineralogy on NMR, Sonic, and Resistivity：A Case
　　　Study of the Monterey Formation［C］. Unconventional Resources Technology Conference. 2014.

［141］Sen P N, Straley C, Kenyon W E, et al. Surface-to-volume Ratio, Charge Density, Nuclear Magnetic
　　　Relaxation, and Permeability in Clay-bearing Sandstones［J］. Geophysics, 1990, 55（1）：61-69.

［142］Hurlimann M D, Helmer K G, Latour L L, et al. Restricted Diffusion in Sedimentary Rocks. Determination
　　　of Surface-Area-to-Volume Ratio and Surface Relaxivity［J］. Journal of Magnetic Resonance, Series A,
　　　1994, 111（2）：169-178.

［143］Hossain Z, Grattoni C A, Solymar M, et al. Petrophysical Properties of Greensand as Predicted from NMR
　　　Measurements［J］. Petroleum Geoscience, 2011, 17（2）：111-125.

［144］Mitra P P, Sen P N, Schwartz L M, et al. Diffusion Propagator as a Probe of the Structure of Porous Media
　　　［J］. Physical Review Letters, 1992, 68（24）：3555-3558.

［145］Slijkerman W F J, Hofman J. Determination of Surface Relaxivity from NMR Diffusion Measurements［J］.
　　　Magnetic Resonance Imaging, 1998, 16（5）：541-544.

［146］Saidian M, Prasad M. Effect of Mineralogy on Nuclear Magnetic Resonance Surface Relaxivity：A Case
　　　Study of Middle Bakken and Three Forks formations［J］. Fuel, 2015, 161：197-206.

第二章　致密油储层物性特征

　　与常规储层相比，致密油储层具有低孔隙度（小于10%），低渗渗透（小于1mD）并且普遍发育微米—纳米级孔喉的特征，呈现出不同于常规储层的渗流特征。本章以长6段储层元284井区致密储层井下岩心为研究对象，通过实验测试手段，对目标区块岩心样品的渗透率、孔隙度、矿物成分、润湿性及孔喉分布特征等物性参数进行测试，为后续工作奠定了研究基础。

第一节　目标区块概况与取心情况

一、目标区块概况

　　华庆油田位于甘肃省华池县境内，面积约为300km²，属黄土塬地貌，地表被厚100~200m的第四系黄土覆盖，地形复杂，沟壑纵横，梁峁参差。河流下切较深的河谷中，可见岩石裸露。地面海拔1350~1660m，相对高差310m左右。属于鄂尔多斯盆地陕北斜坡南部，由差异压实作用形成的局部隆起，总体为平缓的西倾单斜，在单斜背景上发育东西向低幅度排状鼻状隆起；属岩性油藏，三角洲前缘湖底滑塌浊积扇沉积体系，砂体展布方向总体呈北东—南西方向。

　　华庆油田Y284井区（图2-1）位于甘肃省华池县和庆城县境内，北起Y155井、Y139井及Y424井，南至Y410井，西起Y298井，东至Y425井，截至2019年，工区内总井数约640口，总面积约为247km²。截至2011年底，Y284井区动用含油面积54.39km²，动用地质储量5080×10⁴t，动用可采储量965.2×10⁴t；井区内主力开发层系为长6_3^1和长6_3^2；平均油层有效厚度19.7m，平均孔隙度11.7%，平均渗透率0.34mD。

　　根据研究区长6段地质特征，以现代地层学为基础，以区域标志层为依据，结合沉积旋回及岩相组合，将

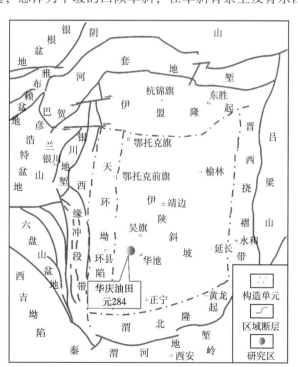

图2-1　华庆油田Y284井区地理位置

长 6 油层组自上而下分为长 6_1、长 6_2、长 6_3 共三个砂层组（表 2-1），长 6_3 自上而下进一步细分为长 6_3^1、长 6_3^2、长 6_3^3 共三个小层，而后将长 6_3^1 细分为长 6_3^{1-1}、长 6_3^{1-2}、长 6_3^{1-3} 三个亚层，将长 6_3^2 细分为长 6_3^{2-1}、长 6_3^{2-2} 两个亚层，将长 6_3^3 细分为长 6_3^{3-1}、长 6_3^{3-2} 两个亚层。

表 2-1 研究区三叠系延长组长 6 油层组划分方案

油层组	砂层组	小层	单砂体	标志层
长 6	长 6_1			
	长 6_2			K_3
	长 6_3	长 6_3^1	长 6_3^{1-1}	
			长 6_3^{1-2}	
			长 6_3^{1-3}	
		长 6_3^2	长 6_3^{2-1}	
			长 6_3^{2-2}	
		长 6_3^3	长 6_3^{3-1}	
			长 6_3^{3-2}	K_2

二、取心情况

致密岩心样品分别来自 Y284 井、Y285 井和 Y290 井等 10 口井（图 2-2），累计取得全直径岩心样品 13 块，岩心样品主要为深灰色或暗灰色块状细砂岩（图 2-3）。

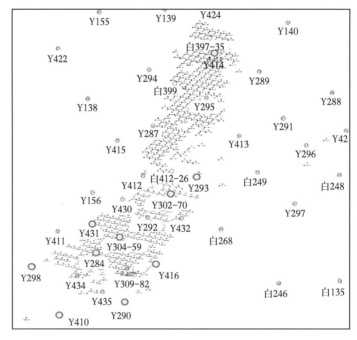

图 2-2 目标区块概况

红色圆圈为取心井所处位置

图 2-3　致密砂岩岩心样品
深灰色块状细砂岩

第二节　储层物性参数特征

一、矿物组分

矿物成分组成是表征储层特征的重要指标之一，准确认识目标储层矿物组成非常重要。使用 X 射线衍射仪（型号 X′Pert PRO）对致密砂岩岩心样品进行全岩矿物和黏土矿物成分进行分析，结果如图 2-4 及表 2-2 所示。

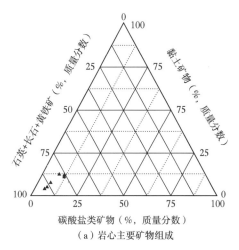

（a）岩心主要矿物组成

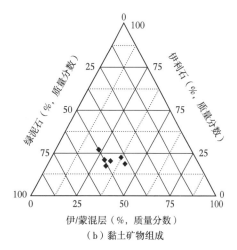

（b）黏土矿物组成

图 2-4　致密砂岩岩心矿物成分分析结果

表 2-2　XRD 全岩矿物分析结果

矿物	相对含量（%）			黏土	石英	长石	方解石	白云石	黄铁矿
	伊/蒙混层	伊利石	绿泥石						
平均	39.3	12.2	48.5	13	29.1	45.6	1.1	10.7	0.5

全岩矿物分析结果表明，主要矿物成分为石英、长石、白云石及黏土矿物。其中长石含量最高（45.6%），石英次之（29.1%），黏土矿物含量（13.1%）和白云石含量（10.7%）相差不大。

黏土矿物分析结果表明，长6段储层黏土矿物类型以绿泥石和伊/蒙混层为主，伊利石含量相对较低。其中绿泥石平均含量为48.5%，伊/蒙混层的平均含量为39.3%，伊/利石含量最少，平均含量为12.2%。伊/蒙混层具有较大的比表面积，对水的吸附性较强，容易加强压裂液自发渗吸的效果，在返排过程中压裂液的滞留也会受到很大影响；绿泥石为酸敏性矿物，对酸较为敏感；伊利石为速敏性矿物，当流体速度较大时，容易造成颗粒运移从而堵塞储层。

二、孔隙度和渗透率

将全直径岩心样品进行加工处理，使用 TZ-2 型岩心钻取机和 NQ-1 型液氮切割机制备得到长度为 5~7cm、直径为 2.48cm 的柱塞样品。为精确测量目标岩心的渗透率及孔隙度，岩心样品经过溶剂提取法洗油并烘干处理后，测定其渗透率及孔隙度。

由于致密油储层岩心孔隙度和渗透率属于低孔低渗范围，常规物理测量方法无法达到测量精度及要求。本次实验测试选择 Corelab 公司生产的 CMS-300 型计算机控制覆压孔渗自动测试仪进行测试工作。该仪器采用非稳态压力脉冲衰减法技术进行渗透率和孔隙度联测，自动化程度高，测试速度快，测量精度高。测量范围可达 0.00005mD~15D。测试岩样共计 10 块，测试结果见表 2-3。

表 2-3 致密砂岩岩心样品基础物性参数

编号	深度（m）	直径（cm）	长度（cm）	渗透率（mD）	氦气测量孔隙度（%）	饱和油孔隙度（%）
A1	2144.80	2.50	5.41	0.037	11.05	10.21
A2	2210.80	2.53	5.16	0.077	11.54	10.32
A3	2070.90	2.53	4.64	0.042	9.56	8.66
A4	2070.50	2.51	5.54	0.019	9.17	7.98
A5	2070.60	2.51	5.30	0.059	11.01	9.84
A6	2136.20	2.51	4.28	0.038	10.85	9.12
A7	2148.50	2.53	4.84	0.034	8.62	6.98
A8	2134.00	2.52	5.29	0.099	13.56	11.25
A9	2070.50	2.53	4.64	0.034	9.71	8.54
A10	2070.60	2.51	5.54	0.019	9.17	8.01

测试结果表明，测试岩心样品渗透率和孔隙度较低，渗透率在 0.01~0.1mD 量级范围内，孔隙度在 10% 左右，属于典型的低孔隙度、低渗透率储层[1]。

三、压汞测试

压汞测试是获得岩心孔隙分布及连通性的重要手段。通过压汞测试，分别比较了不同渗透率储层其孔隙结构特征。为比较不同物性条件下不同渗透率岩性孔隙结构特征，将岩心样品分为两组（表 2-4）。其中一组为长 6 段储层致密砂岩岩心，渗透率在 0.057～0.068mD 之间，第二组为中高渗透率砂岩岩心，渗透率在 0.85～126.58mD 之间。

为保证测试结果的准确性，致密砂岩岩心样品进行高压压汞测试，使用美国 Micromeritics 公司生产，型号为 AutoPore IV 9520，主要技术参数包括孔径测试范围 3nm～1000μm 和最高进汞压力 400MPa。中—高渗透率砂岩岩心样品进行恒速压汞测试，使用 ASPE-730 型恒速压汞仪，系统泵送流速为 0.000001cm³/s～1cm³/min，高精度压力传感器范围为 0～100psia 和 0～1000psia，精度为 0.05%。

表 2-4　压汞测试岩样基础物性参数

类型	编号	气测渗透率 （mD）	氦气孔隙度 （%）
致密砂岩	A11	0.068	10.54
	A12	0.057	9.71
	A13	0.089	12.53
中—高渗透率砂岩	A21	0.85	12.5
	A22	18.49	16.3
	A23	126.58	16.8

压汞测试前，岩心样品均进行了干燥处理，测试结果如图 2-5 所示。可以看出，长 6 段致密砂岩岩心样品排驱压力不高，分别为 0.86MPa、1.03MPa 和 1.26MPa，平均值为 1.05MPa。在高压压汞测试条件下，致密砂岩岩心样品的最高进汞压力均可达 300MPa 以上，进汞曲线倾斜角度较小，并缓慢上升，表明测试岩样的孔径分布范围主要在 0.016～0.16μm 之间。由于致密砂岩岩心样品均为高压压汞测试，进汞饱和度均可达到 100%，但是退汞效率均非常低，约为 20%。进汞及退汞体积差异明显，表明致密砂岩储层中存在"细颈瓶"状孔隙，孔隙大多呈串联状分布，孔喉细小且连通性差，这种孔隙结构不利于流体的运移和流动。

恒速压汞测试中，在最终进汞压力一定的条件下（70MPa），进汞体积随着渗透率的增加而增加，进退汞体积差异随渗透率的增加而减少。表明渗透率越大，岩样孔隙结构越简单，孔喉连通性好，流体运移能力强。

将压汞测试的孔隙直径分为四类：1～10nm、10～100nm、100～1000nm、大于 1000nm。根据 Loucks[2] 提出的孔隙类型划分方法，孔隙类型分为纳米孔（小于 1.0μm）、微孔（1.0～62.5μm）和中孔（62.5μm～4.0mm）三大类。本研究中，致密砂岩岩样的孔径分布范围为 1～400nm，属于纳米孔，大部分孔径一般存在于 10～100nm 的范围内。致密砂的渗透率主要取决于较大的孔径（大于 100nm）。然而，对于渗透率超过 10mD 的中—高渗透率砂岩，孔隙直径范围在 25～2500nm 之间变化。岩心的最大孔隙半径甚至可以达到 4000nm。

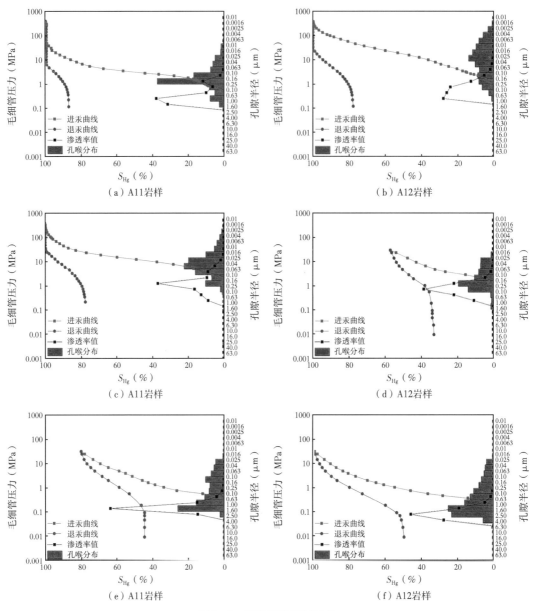

图 2-5　岩样压汞测试结果

四、氮气吸附测试

　　氮气吸附测试是依据气体在固体表面的吸附特定利用理论模型来求出被测试样品的比表面积，该方法测试的是吸附气体分子所能达到的颗粒外表面和内部总表面积之和。氮气因为其易获取性和良好的可逆吸附特性成为最常用的吸附测试介质。因此，为进一步研究致密砂岩岩心中微孔孔隙结构，使用美国康塔所生产的 Autosorb-Iq 氮气吸附测试仪进行了氮气吸附测试，测试结果如图 2-6 所示。实验前将样品制成 60~80 目的粉样，并经过 8h、110℃下的高温抽真空处理，以去除样品表面的杂质。

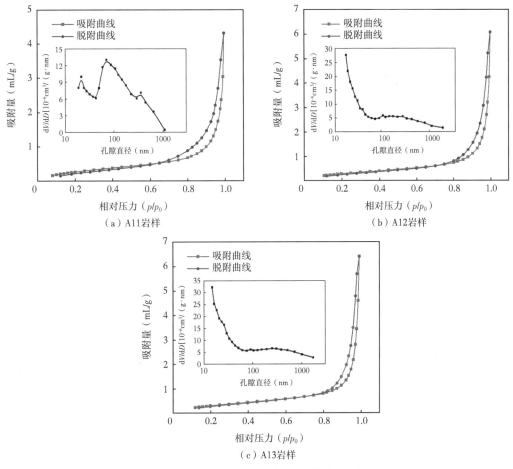

（a）A11岩样　　　　　　　　（b）A12岩样

（c）A13岩样

图 2-6　致密砂岩岩样氮气吸附测试结果

可以看出，岩样 A11、A12 和 A13 的孔隙体积分别为 0.006689cm³/g、0.009937cm³/g 和 0.009424cm³/g。BET 表面积分别为 1.1897m²/g、1.3588m²/g 和 1.2697m²/g；平均值为 1.2727m²/g。当相对压力小于临界值 0.8 时，吸附和解吸曲线基本重合。然后，吸附曲线随相对压力的增加而增加，当相对压力超过 0.8 时，吸附曲线急剧上升。根据 IUPAC 分类[3]，三种氮吸附等温线均属于 V 形，它具有介孔固体的特征。此外，岩心样品的吸附和解吸曲线在较高的相对压力 ($p/p_0 > 0.8$) 下具有滞后环的特征。滞后环属于 H1 型，表明中孔和大孔中存在毛细管冷凝效应。

五、润湿性

藏润湿性是成藏过程中岩石矿物与流体相互作用的结果，润湿性特征对毛细管压力、油水分布、油藏开发效果等均有重要影响。一般而言，大多数油藏为水湿性油藏。为确定致密砂岩岩心润湿性，对致密砂岩岩心进行了接触角测试。其中接触角测量仪（德国 KRUSS 公司生产，型号 DSA100）主要技术参数包括接触角测量范围为 0°~180°，表面张力测量范围为 0.01~100mN/m，温度范围为 -60~400℃。表面张力测试仪（德国 Dataphysics

公司生产，型号 DCAT11）主要技术参数包括表面界面张力的测量范围（1~1000mN/m）、精度（±0.001mN/m）及温度范围（-10~130℃）等，结果见表 2-5 和图 2-7。

表 2-5　润湿角测试结果表

岩样编号	类型	接触角（°）	润湿性
A11	致密砂岩	16.2	偏水湿
A12	致密砂岩	18.1	偏水湿
A13	致密砂岩	38.6	偏水湿

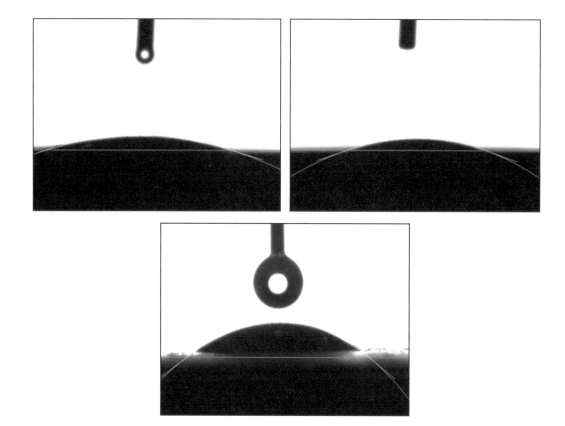

图 2-7　致密砂岩岩样接触角测试结果

根据 E. J. Peters 提出的润湿性划分标准[4]，接触角介于 0 至 60°~75°，系统为水湿性；接触角在 60°~75° 至 105°~120° 之间，系统为中性湿润性；接触角在 105°~120° 到 180° 之间；系统为油湿性。根据图 2-7 测试结果可值，测试岩样接触角分别为 16.2°、18.1° 和 38.6°。呈现出偏水湿性特征。因此在压裂过程后，关井一段时间再生产，毛细管压力的渗吸作用不可忽视，对压裂液的返排也起到阻碍作用，易使得大量压裂液滞留在储层中。

第三节　小　结

以长 6 段储层元 284 井区致密砂岩岩心样品为研究对象，分别测试了其渗透率、孔隙度、矿物成分、氮气吸附以及润湿性等基础物性参数，得到了如下认识：

（1）测试岩样的渗透率在 0.019~0.099mD 之间，平均值为 0.045mD；孔隙度在 8.62%~13.56% 之间，平均值为 10.43%，属于典型的低孔隙度、低渗透率致密储层。

（2）测试岩样的长石含量最高（45.6%），黏土含量较低（13%），其中黏土矿物组成以绿泥石和伊/蒙混层为主，体现出较强的酸敏性特征及速敏性特征。

（3）高压压汞测试结果表明，致密砂岩储层孔隙分选性较差，孔喉较小，连通性差。孔径分布较广，但是连续性较差，主要分布范围在 0.016~0.16μm 之间。与中—高渗透率砂岩相比，致密砂岩岩心进退汞体积差异较大，表明其流体流动特性差。

（4）氮气吸附结果表明测试岩样具有介孔固体的特征。测试样品的吸附和解吸曲线在较高的相对压力（$p/p_0 > 0.8$）下具有滞后环的特征。根据 IUPAC 分类，滞后环属于 H1 型，表明中孔和大孔中存在毛细管冷凝效应。

（5）测试岩样呈现偏水湿性特性，以水作为接触介质时，润湿接触角远小于 90°。

参 考 文 献

［1］李安琪，李忠兴. 超低渗透油藏开发理论技术 ［M］. 北京：石油工业出版社，2015.

［2］Loucks R G, Reed R M, Ruppel S C, et al. Spectrum of Pore Types and Networks in Mudrocks and a Descriptive Classification for Matrix-related Mudrock Pores ［J］. AAPG Bulletin, 2012, 96 (6): 1071-1098.

［3］Sing K S. Reporting Physisorption Data for Gas/Solid Systems with Special Reference to the Determination of Surface Area and Porosity (Recommendations 1984) ［J］. Pure and Applied Chemistry, 1985, 57 (4): 603-619.

［4］Tiab, D, Donaldson, E. C. Wettability. In Petrophysics, third ed ［M］. Gulf Professional Publishing, Boston, 2012, Chapter 6, 371-418.

第三章　基于低场核磁共振技术
的致密岩心孔隙结构特征

低场核磁共振是一种非常重要的储层分析和评价手段，通过监测多孔介质中氢质子信号，并对监测信号进行处理获得 T_2 谱，可以反映多孔介质中流体分布特征，同时能够获取有效孔隙度、渗透率和孔喉分布等重要参数。

第一节　致密岩心微米—纳米级孔隙内油量标定

对于孔隙内只含油的致密岩心样品，使用不含氢质子信号的氘水进行渗吸或水驱油物理模拟实验，核磁共振监测到的信号转为 T_2 谱曲线所围成的面积与探测范围内的流体中的氢质子数量成正比。基于此原理，可以将核磁信号量与油质量进行换算，实现致密岩心孔隙内油量精确标定。

一、实验样品与实验装置

1. 岩心样品

选取经过洗油和烘干处理的致密砂岩岩心样品 B1 ~ B4，将每块岩心样品切为三段 [图 3-1（a）]，一段（长度为 1.0 ~ 1.2cm）用于接触角测试，另一段（长度为 1.8 ~ 2.0cm）用于高压压汞测试，剩余部分（长度为 3.6 ~ 3.8cm）使用抽真空加压饱和装置进行处理，抽真空 48 小时，在 20MPa 压力下使用航空煤油饱和 5 天，取出后进行高速离心测试与低场核磁测试 [图 3-1（b）]。岩心样品基础表物性参数见表 3-1。

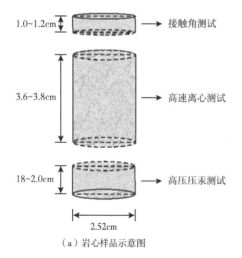

（a）岩心样品示意图

（b）饱和油岩心样品

图 3-1　致密岩心样品

表 3-1 孔隙油量标定实验岩心样品基础物性参数

实验类别	编号	深度（m）	直径（cm）	长度（cm）	渗透率（mD）	孔隙度（%）
高速离心	B11	2179.70	2.53	3.62	0.068	12.37
	B12	2179.90	2.53	3.66	0.057	10.69
	B13	2180.40	2.53	3.64	0.032	11.42
	B14	2180.60	2.53	3.64	0.042	9.56
润湿性	B21	2179.70	2.53	1.12	0.068	12.37
	B22	2179.90	2.53	1.08	0.057	10.69
	B23	2180.40	2.53	1.15	0.032	11.42
	B24	2180.60	2.53	1.18	0.042	9.56
高压压汞	B31	2179.70	2.53	1.76	0.068	12.37
	B32	2179.90	2.53	1.71	0.057	10.69
	B33	2180.40	2.53	1.72	0.032	11.42
	B34	2180.60	2.53	1.72	0.042	9.56

2. 流体样品

纯度 99.9%的 3 号航空煤油（图 3-2）购自武汉卡诺斯科技有限公司，密度 0.83g/cm^3，黏度 2.53mPa·s，界面张力 26.82mN/m。

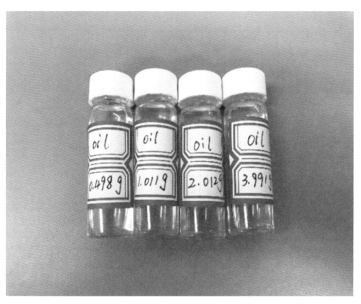

图 3-2 3 号航空煤油样品

3. 实验装置

（1）CSC-12（S）型超级岩心高速冷冻离心机，上海卢湘仪离心机仪器有限公司生产，主要参数包括最高转速 12000r/min、速度控制±50r/min、温度范围-20~40℃，时间控制 1min~99h/59min。

（2）MesoMR-060H-HTHP-I 型低场核磁共振分析仪，纽迈分析仪器股份有限公司生产，硬件基本参数包括共振频率 21.326MHz、磁体强度 0.48T、线圈直径为 25.4mm、测试环境温度为 18~22℃，测试采用 CPMG（Carr，Purcell，Meiboom 和 Gill）脉冲序列，主要参数包括回波时间 300μm、间隔时间 3000ms、回波个数 8000，使用 SIRT（联合迭代重建技术）反演算法得到 T_2 谱，该反演算法中，T_2 谱积分面积与累积信号幅值相等。

（3）A&DGF-1000 型精密天平，日本艾安得有限公司生产，主要参数包括最大称量 1100g 精度 0.001g。

二、实验方法

使用两种方法对油量进行标定，建立低场核磁 T_2 谱积分面积（即累积信号幅值）与煤油质量换算关系式。第一种方法使用采用真实岩样进行标定，通过测试饱和油岩心样品离心前后质量变化与 T_2 谱变化进行标定；第二种方法选用不含氢质子信号色谱瓶装满一定质量煤油样品（图3-3）进行标定。具体实验步骤如下：

（1）使用 MesoMR-060H-HTHP-I 型低场核磁共振分析仪测定四块岩心样品饱和油状态下 T_2 谱；（2）将岩心样品置于 CSC-12（S）型超级岩心高速冷冻离心机中，分别在转速 3000~9000r/min 下离心 60min（转速增幅为 1000r/min），测定每个转速离心前后岩心样品（B11~B1）T_2 谱，并使用 A&D GF-1000 精密天平称量岩心样品质量；（3）根据三块岩心测定的实验结果，计算给定转速下岩心样品离心前后 T_2 谱累积信号量的差值和岩心质量差，构建煤油质量与累积信号幅值换算关系式 1；（4）使用不含氢质子信号的色谱瓶装满一定质量煤油样品，测定其 T_2 谱，构建 T_2 谱累积信号幅值与煤油质量换算关系式 2；（5）分别使用关系式 1 和关系式 2 计算驱替实验前岩心样品中饱和的煤油质量，与称重法结果对比，优选换算关系式。

三、实验结果与讨论

实验结果（图3-3）显示，两种方法确定的核磁共振 T_2 谱累积信号幅值与煤油质量进行换算的经验公式均显示出很好的线性相关性（R^2 分别为 0.95 和 0.99）。

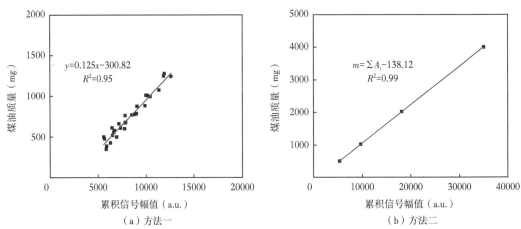

图3-3　煤油质量标定

选取用于驱替实验的致密岩心样品 D1、D2 和 D3，经过抽真空和加压饱和油，分别使用两种方法拟合得到的经验公式计算岩心孔隙内煤油质量，与称重法确定的煤油质量进行对比（图 3-4）。

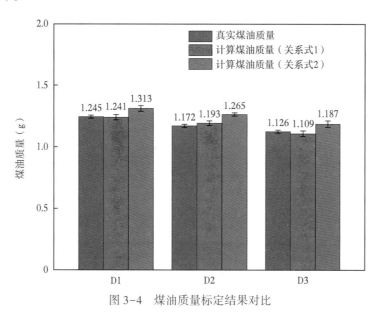

图 3-4 煤油质量标定结果对比

可以看出，使用方法一计算得到的煤油质量更接近真实煤油质量（表 3-2），误差更小（平均值为 1.21%）。

表 3-2 两种方法计算误差对比

岩心编号	方法一计算误差（%）	方法二计算误差（%）
D1	0.32	5.46
D2	1.79	7.94
D3	1.51	5.42

因此，致密岩心样品孔隙内油量与 T_2 谱累积信号幅值与换算可用以下表达式：

$$m = 0.125 \sum A_i - 300.82 \quad R^2 = 0.95 \qquad (3-1)$$

式中 m——致密岩心孔隙内煤油质量，mg；

ΣA_i——T_2 谱累积信号幅值，a.u.。

造成这部分差异的主要原因是致密岩心样品 T_2 谱分布区间较广 [图 3-5（a）]，主要反映较小孔隙中流体分布（T_2 介于 0.1~100ms），而使用色谱瓶进行标定 [图 3-5（b）] 时，主要反映较大孔道中流体分布（T_2 介于 100~1000ms），因此，使用方法二进行标定时，会造成较小孔隙中流体信号的部分丢失，产生较大误差。

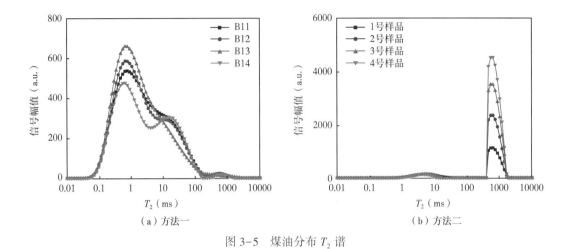

图 3-5　煤油分布 T_2 谱

第二节　低场核磁 T_2 谱与压汞孔径分布换算

致密岩心孔隙与喉道差异较小，认为低场核磁 T_2 谱确定的孔径分布与高压压汞法确定的孔径分布一致，因此，通过确定表面弛豫率，可建立 T_2 谱与压汞孔径分布对应关系，本节建立了一种基于高速离心测试与低场核磁共振测试确定致密砂岩岩心表面弛豫率的方法（拟 T_2 截止值法）。

一、实验样品与实验装置

岩心样品及流体样品与本章第一节相同（表 3-1），主要用于高速离心测试、低场核磁测试、接触角测试及高压压汞测试。

高速离心机和低场核磁共振实验装置本章第一节相同，除此之外，还需使用高压压汞仪、光学接触角测量仪和界面张力测试仪。其中，高压压汞仪（美国 Micromeritics 公司生产，型号 AutoPore Ⅳ 9520），主要技术参数包括孔径测试范围 3nm~1000μm 和最高进汞压力 400MPa；接触角测量仪（德国 KRUSS 公司生产，型号 DSA100），主要技术参数包括接触角测量范围为 0°~180°、界面张力测量范围为 0.01~100mN/m、温度范围为 -60~400℃；界面张力测试仪（德国 Dataphysics 公司生产，型号 DCAT11），主要技术参数包括界面张力测量范围（1~1000mN/m）、精度（±0.001mN/m）及温度范围（-10~130℃）等。

二、实验方法

T_2 截止值反映了孔隙中流体流动的界限，高于这个值时，流体为可动流体；反之，则为束缚流体。对于油水两相对渗透率流过程，T_2 截止值常通过高速离心后 T_2 谱累积积分曲线获得。借鉴离心法确定 T_2 截止值原理，可以采取类似的处理方法，通过求解残余油饱和度下对应的 T_2 值可以确定表面弛豫率。

对于高速离心测试与低场核磁共振测试确定致密砂岩岩心表面弛豫率的方法（定义为拟 T_2 截止值法），其原理是：首先，饱和油岩心样品在设定转速下离心一段时间，测定每次离心前后 T_2 谱，绘制相应累积积分曲线；其次，将每次离心后测定的 T_2 谱累积积分曲线直线段反向延长，与饱和油状态下测定的 T_2 谱累积积分曲线相交，交点处 T_2 值定义为拟 T_2 截止值（图3-6）；最后，建立不同拟 T_2 截止值与相应孔隙半径之间函数关系式确定最终表面弛豫率。

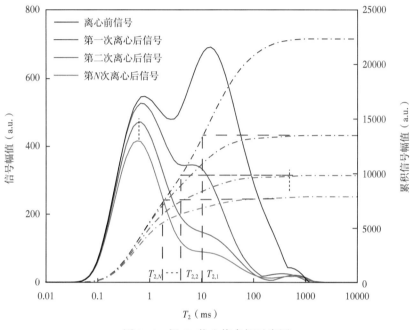

图3-6 拟 T_2 截止值求解示意图

具体实验内容包括高压压汞测试、低场核磁测试、高速离心测试、润湿性及界面张力测试。

1. 高压压汞测试

在均匀分布磁场中，不考虑扩散弛豫和自由弛豫的影响（相比于表面弛豫的影响可忽略），低场核磁共振弛豫时间 T_2 与孔隙半径可建立以下关系：

$$\frac{1}{T_2} = \rho \frac{S}{V} = \rho \frac{C}{R} \tag{3-2}$$

式中 T_2——弛豫时间，ms；

         ρ——表面弛豫率，$\mu m/s$；

         S——岩心表面积，cm^2；

         V——孔隙体积，cm^3；

         R——孔隙半径，cm；

         C——常数，$C=1$，2，3分别用于平板模型、毛细管束模型和球状模型，本次选用毛细管束模型，即 $C=2$。

结合低场核磁与氮气吸附或者高压压汞测试结果，在相同条件下选取 T_2 值与比表面积或者孔隙半径，可以确定表面弛豫率。对于致密岩心，最常用的方法（平均值法）是选取压汞法测试得到的平均孔隙半径和低场核磁测试得到的平均弛豫时间，计算确定表面弛豫率：

$$\rho = \frac{T_{2LM}R_p}{C} \tag{3-3}$$

$$T_{2LM} = \exp\left(\frac{\sum \ln T_{2i} \times \phi_i}{\sum \phi_i}\right) \tag{3-4}$$

$$R_p = \frac{\sum (r_{i-1} + r_i)(s_i - s_{i-1})}{2\sum (s_i - s_{i-1})} \tag{3-5}$$

式中　T_{2LM}——弛豫时间平均对数值，ms；

　　　R_p——平均孔隙半径，μm；

　　　r_i——某点孔隙半径，μm；

　　　s_i——某点汞饱和度，%。

与平均值法类似，选取 T_2 截止值和相应孔隙半径，同样可以确定表面弛豫率。

2. 高速离心测试

对致密岩心进行高速离心，在给定转速下分别持续进行 1h。计算离心力[1-2]：

$$p_c = 1.097 \times 10^{-7}\Delta\rho L\left(R_e - \frac{L}{2}\right)n^2 \tag{3-6}$$

假定离心力等于毛细管压力，可以得到：

$$p_c = p_{ci} = \frac{2\sigma \cos\theta}{R} \tag{3-7}$$

式中　p_c——离心力，MPa；

　　　L——岩样长度，cm；

　　　R_e——岩样旋转半径，cm；

　　　$\Delta\rho$——油气两相密度差，g/cm³；

　　　n——离心机转速，r/min；

　　　P_{ci}——毛细管压力，MPa；

　　　σ——油气界面张力，mN/m；

　　　θ——润湿角，（°）；

　　　R——孔隙半径，μm。

3. 润湿性和界面张力测试

由式（3-6）和式（3-7）可知，为确定岩心样品的孔隙半径，需要先确定润湿角和油气界面张力。根据石油行业标准《油藏岩石润湿性测定方法》（SY/T 5153—2017），采用接触角法确定岩心样品润湿性。根据石油行业标准（SY/T 5370-2018）《表面及界面张力测定方法》，确定煤油样品界面张力。

根据上述原理，基于拟 T_2 截止值法确定致密岩心表弛豫率，具体步骤如下：

（1）使用 MesoMR-060H-HTHP-I 型低场核磁共振分析仪测定饱和样品 T_2 谱；

（2）将致密岩心样品置于 CSC-12（S）型超级岩心高速冷冻离心机，分别在转速为 3000~9000r/min 下离心 60min（转速增幅为 1000r/min/次），然后，取出岩心样品，测定每个转速离心前后岩心样品 T_2 谱，直到测定 T_2 谱几乎不变为止；

（3）绘制各个转速下测定的 T_2 谱累积积分曲线，将其直线段反向延长，与岩心饱和油状态下测定 T_2 谱累积积分曲线相交，交点处对应 T_2 值，即拟 T_2 截止值；

（4）测定岩心样品 B31~B34 润湿角及油气界面张力，根据式（3-6）与式（3-7）计算不同转速下离心力和相应孔隙半径，根据不同转速下确定 T_2 拟截止值和相应孔隙半径，计算表面弛豫率，建立表面弛豫率与 T_2 值函数关系，确定最终表面弛豫率；

（5）岩心样品 B21~B24 进行高压压汞测试，确定孔径分布，利用平均值法计算岩心表面弛豫率；

（6）根据表面弛豫率计算结果（拟 T_2 截止值法和平均值法），将 T_2 谱转化为孔径分布，与高压压汞法实测孔径分布对比。

三、实验结果与讨论

1. 岩心物性参数

岩心样品 B1~B4 分别切割为三段后，认为每小段岩心样品物性参数与切割前一致，可以确定岩心样品 B11~B14 的基本物性参数（表 3-3），包括气测孔隙度、渗透率、平均孔隙半径和接触角。

表 3-3　岩心样品物性参数测试结果

岩心编号	气测渗透率（mD）	气测孔隙度（%）	饱和油孔隙度（%）	平均孔隙半径（μm）	接触角（°）
B11	0.068	12.37	8.55	0.034	26.2
B12	0.057	10.69	8.65	0.027	30.3
B13	0.023	14.42	8.48	0.039	29.5
B14	0.042	9.56	6.88	0.029	32.8

2. 拟 T_2 截止值法确定表面弛豫率

根据四块岩心在不同转速下离心前后得到的 T_2 谱，绘制相应的累积积分曲线（图 3-7），结合离心力与毛细管压力相等这一假设，可以确定不同转速下对应的毛细管压力，最终，可以确定拟 T_2 截止值及表面弛豫率（表 3-4）。

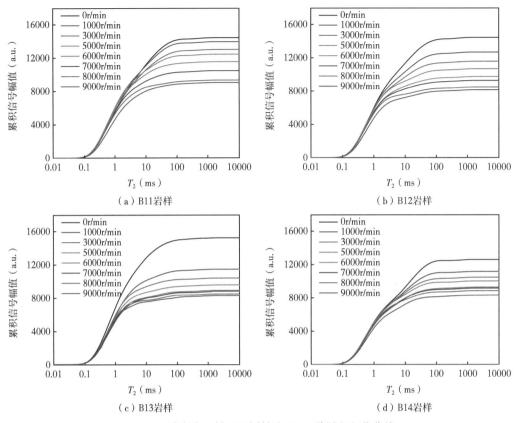

图 3-7　致密岩心样品不同转速下 T_2 谱累积积分曲线

表 3-4　表面弛豫率测试结果

岩心编号	转速（r/min）	毛细管压力（MPa）	拟 T_2 截止值（ms）	表面弛豫率（μm/s）
B11	1000	0.027	65.79	14.79
	3000	0.240	29.15	3.71
	5000	0.670	21.05	2.85
	6000	0.960	12.92	2.92
	7000	1.310	7.32	2.71
	8000	1.710	4.13	3.28
	9000	2.160	3.51	3.12
B12	1000	0.027	21.05	45.77
	3000	0.240	12.92	8.29
	5000	0.670	6.73	5.72
	6000	0.960	4.13	6.48
	7000	1.310	3.51	5.59
	8000	1.710	2.53	5.93
	9000	2.160	2.15	5.52

岩心编号	转速（r/min）	毛细管压力（MPa）	拟 T_2 截止值（ms）	表面弛豫率（μm/s）
B13	1000	0.027	4.86	199.23
	3000	0.240	2.98	34.72
	5000	0.670	2.15	16.85
	6000	0.960	1.75	11.98
	7000	1.310	1.65	9.46
	8000	1.710	1.56	7.62
	9000	2.160	1.48	7.21
B14	1000	0.027	29.15	33.21
	3000	0.240	17.89	6.01
	5000	0.670	15.20	2.55
	6000	0.960	10.97	2.45
	7000	1.310	9.33	2.12
	8000	1.710	7.92	1.51
	9000	2.160	5.72	2.64

根据拟 T_2 截止值法计算的表面弛豫率，使用幂指数函数拟合，建立不同转速下确定的拟 T_2 截止值与表面弛豫率之间函数关系（图 3-8），分别为：

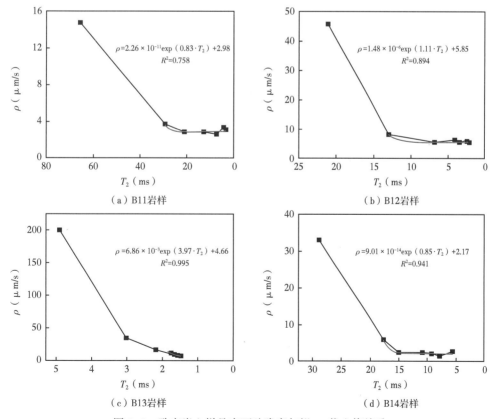

（a）B11岩样

（b）B12岩样

（c）B13岩样

（d）B14岩样

图 3-8 致密岩心样品表面弛豫率与拟 T_2 截止值关系

（a）$\rho_{11} = 2.26 \times 10^{-11} \cdot \exp (0.83T_2) + 2.98$；

（b）$\rho_{12} = 1.48 \times 10^{-6} \cdot \exp (1.11T_2) + 5.85$；

（c）$\rho_{13} = 6.86 \times 10^{-3} \cdot \exp (3.97T_2) + 4.66$；

（d）$\rho_{14} = 9.01 \times 10^{-14} \cdot \exp (0.85T_2) + 2.17$。

分别令上式中 $T_2 = 0$，即认为致密岩心完全达到残余油状态，此时离心力完全等于毛细管压力，可以分别求解致密岩心最终表面弛豫率分别为 2.98μm/s、5.85μm/s、4.66μm/s、2.17μm/s。最终表面弛豫率计算结果显示，具有相似物性参数的致密岩心样品表面弛豫率不同，这一结果与 Saidian 等[3] 的实验结果一致，认为表面弛豫率与致密岩心黏土矿物中伊利石含量（表3-5）线性相关（图3-9），满足：

$$\rho - 4.11 f_{\text{illite}} - 3.27 \qquad (3-8)$$

式中　ρ——表面弛豫率，μm/s；

　　　f_{illite}——伊利石含量，%。

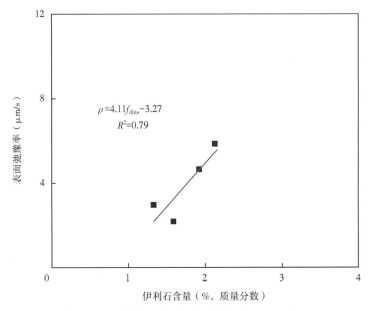

图 3-9　致密岩心表面弛豫率与伊利石含量关系

表 3-5　致密岩心样品黏土矿物含量

岩心编号	伊利石（%，质量分数）	绿泥石（%，质量分数）	伊/蒙混层（%，质量分数）
B11	1.34	5.42	4.23
B12	2.14	6.88	5.95
B13	1.93	7.30	6.05
B14	1.58	5.54	3.60

将拟 T_2 截止值法与平均值法分别得到的致密岩心表面弛豫率计算结果进行对比（表3-6），可以看出，这两种方法计算得到的致密岩心表面弛豫率结果基于一致。

表 3-6　平均值法与拟 T_2 截止值法表面弛豫率计算结果对比

岩心编号	平均值法			拟 T_2 截止值法
	T_2 平均值（ms）	平均孔隙半径（nm）	表面弛豫率（μm/s）	表面弛豫率（μm/s）
B11	2.53	37.6	3.72	2.98
B12	2.29	46.7	5.11	5.85
B13	1.84	28.8	3.91	4.66
B14	4.58	45.8	2.49	2.17

3. T_2 谱与孔径分布换算

对比拟 T_2 截止值法、平均值法及高压压汞法确定的孔径分布（图3-10），可以看出，拟 T_2 截止值法与平均值法确定的孔径分布基本一致，与高压压汞法确定的孔径分布大致能匹配，这可能与黏土矿物含量有关，黏土矿物含量较高的致密岩心样品，B12 和 B13 岩样的黏土矿物含量分别为 14.97%（质量分数）和 15.28%（质量分数），B11 和 B14 岩样的黏土矿物含量分别为 10.99%（质量分数）和 10.72%（质量分数）；T_2 谱与孔径分布匹配程度更好。

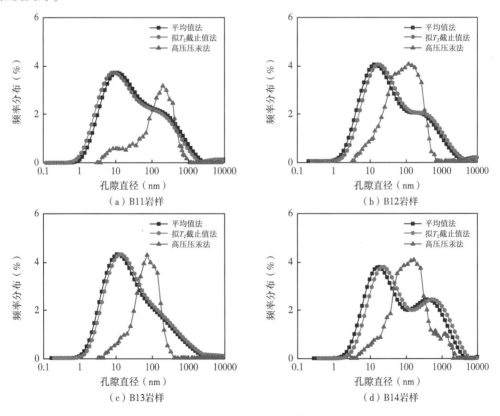

图 3-10　三种方法确定的致密岩心样品孔径分布对比

基于拟 T_2 截止值法确定了致密岩心表面弛豫率，克服了高压压汞测试耗时耗力，操作流程复杂的缺点，提供了一种快速高效确定致密岩心表面弛豫率的方法，可以有效地建立 T_2 谱与孔径分布对应关系，提高了 T_2 谱与孔径分布相互转换的可操作性和准确性。

第三节　微米—纳米级孔隙中油相分布规律

一、孔隙类型划分

根据 Loucks 等[4] 提出的孔隙类型分类方法，可以将孔隙分为四类：纳米孔（1nm ~ 1μm）、微孔（1μm ~ 62.5μm）及中孔（62.5μm ~ 4mm）。高压压汞测试结果［图 3-11（a）］显示，孔径分布可以分为四类：1 ~ 10nm、10 ~ 100nm、100 ~ 1000nm 及大于 1000nm。参照此类划分标准可知，致密岩心样品孔隙类型主要为纳米孔和微米孔。相应地，T_2 谱反映了孔隙空间中流体分布，即孔隙中所占油比例。使用 CPMG 序列测试过程中，要求回波时间（TE）大于 6 倍 P_2（180°射频脉冲宽度）。实验中，选择 $T_2 = 0.2ms$ 能满足要求（测试 $P_2 = 24μm$）。该测试条件下会造成 T_2 小于 0.2ms 那部分信号丢失，无法反映 T_2 小于 0.2ms 的孔隙空间真实的油相分布。但是，使用 SIRT 反演算法，将 T_2 小于 0.2ms 部分通过拟合得到，结果显示，T_2 介于 0.01 ~ 0.1ms 和 0.01 ~ 0.2ms 这两部分孔隙空间的油相平均质量分数分别为 0.97% 和 2.14%，因此，对于解释油相分布规律以及后期渗吸置换规律影响不大，可以忽略不计。为了保持更好的连续性，根据 T_2 谱测试结果［图 3-11（b）］，孔径分布可以划分为小于 0.1ms，0.1 ~ 100ms 及大于 100ms 三类。其中，T_2 小于 0.1ms 部分孔隙占比例小于 1%（质量分数），该部分储集空间对于总油量贡献可以忽略不计。结合表面弛豫率计算结果（表 3-5）与 Loucks 等提出的孔隙尺寸划分方法，可以根据 T_2 值大小，将孔隙类型进行简单分类（表 3-7）。

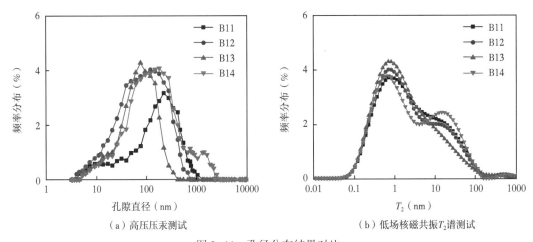

（a）高压压汞测试　　　　　　　　　（b）低场核磁共振 T_2 谱测试

图 3-11　孔径分布结果对比

表 3-7　基于低场核磁共振 T_2 值的孔隙类型分类

T_2（ms）	孔隙直径（nm）	孔隙类型
0.1 ~ 100	1 ~ 1000	纳米孔
>100	>1000	微孔/中孔

二、微米—纳米级孔隙中油相分布规律

致密岩心孔隙内油相分布可由低场核磁共振 T_2 谱测试结果得到（图3–12），根据 T_2 值大小，依次分布在小于 0.1ms、0.1～1ms、1～10ms、10～100ms 和大于 100ms 五类储集空间中。

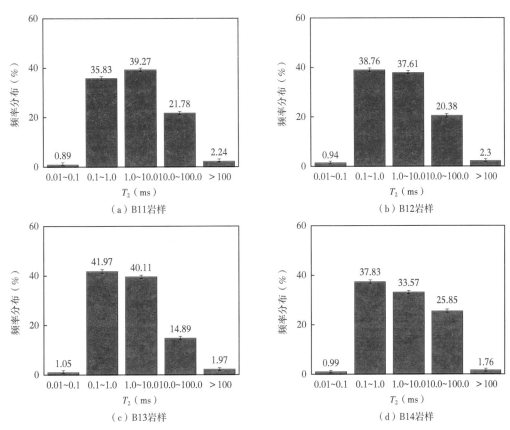

图 3–12　不同孔隙内油相分布比例
（a）纳米孔内油相质量分数为 96.87%；（b）纳米孔内油相质量分数为 96.76%；
（c）纳米孔内油相质量分数为 96.98%；（d）纳米孔内油相质量分数为 97.25%

可以看出，质量分数为 96.76%～97.25% 的油集中分布于纳米孔（0.1ms ≤ T_2 ≤ 100ms）内。在第四章中，将针对这类孔隙空间中的渗吸置换规律进行重点讨论。同时，为便于讨论，将纳米孔进一步划分为纳米微孔（0.1ms ≤ T_2 < 1ms）、纳米中孔（1ms ≤ T_2 < 10 ms）和纳米大孔（10ms ≤ T_2 ≤ 100ms），四块致密岩心样品的这三类孔隙空间中，含油质量分数平均值分别为 38.60%、37.64% 和 20.73%。

第四节　小　结

以 Y284 井区致密岩心样品为研究对象，应用 X 射线衍射分析方法，氮气注入法和脉冲衰减法分别测试了岩心样品的矿物成分、孔隙度和渗透率；选取其中四块柱塞样品，开

展高速离心测试、高压压汞测定、润湿性测试及低场核磁测试等，建立了一种致密岩心微米—纳米级孔隙内油量标定方法，并建立了拟 T_2 截止值法确定致密岩心表面弛豫率，取得以下主要认识：

（1）建立致密岩心孔隙内煤油质量与低场核磁测试 T_2 谱累积信号幅值换算经验公式 $m=0.125\sum A_i-300.82$， $R^2=0.95$；

（2）建立拟 T_2 截止值法确定致密岩心表面弛豫率，四块致密岩心表面弛豫率分别为 $2.98\mu m/s$、$5.85\mu m/s$、$4.66\mu m/s$ 及 $2.17\mu m/s$，计算结果与普遍应用的平均值法一致；拟 T_2 截止值法结合了高速离心测试与低场核磁共振测试，免除了现有技术方案中高压压汞测试这一流程，快速、有效地确定了致密岩心表面弛豫率。

（3）结合表面弛豫率计算结果与 Loucks 等提出的孔隙尺寸划分方法，根据 T_2 值大小，将孔隙类型划分为两大类，即纳米孔（$0.1ms \leqslant T_2 \leqslant 100ms$）和微孔/中孔（$T_2 > 100ms$），其中，纳米孔进一步可以细分为纳米微孔（$0.1ms \leqslant T_2 < 1ms$），纳米中孔（$1ms \leqslant T_2 < 10ms$）和纳米大孔（$10ms \leqslant T_2 \leqslant 100ms$）；纳米孔内含油质量分数 96.75% ~ 97.25%，是主要储集空间。

参 考 文 献

［1］Dunn K J，Bergman J D，Latorraca A G. Nuclear Magnetic Resonance Petrophysical and Logging Application［M］. Pergamon，2002.

［2］Tinni A，Odusina E，Sulucarnain I，et al. Nuclear-Magnetic-Resonance Response of Brine，Oil，and Methane in Organic-Rich Shales［J］. SPE Reservoir Evaluation & Engineering，2015，18（03）：400-406.

［3］Saidian M，Prasad M. Effect of Mineralogy on Nuclear Magnetic Resonance Surface Relaxivity：A Case Study of Middle Bakken and Three Forks formations［J］. Fuel，2015，161：197-206.

［4］Loucks R G，Reed R M，Ruppel S C，et al. Spectrum of Pore Types and Networks in Mudrocks and a Descriptive Classification for Matrix-related Mudrock Pores［J］. AAPG Bulletin，2012，96（6）：1071-1098.

第四章　致密油储层压裂后闷井微观机理

第一节　致密岩心带压渗吸规律

压裂液由裂缝进入基质过程中，滤失渗吸和带压渗吸阶段均发生渗吸置换现象，充分理解渗吸置换规律是后续工作的基础。本章以带压渗吸阶段为研究重点，分析净压力作用下的渗吸置换规律。带压渗吸阶段基质周围流体（压裂液）压力普遍高于孔隙压力，基质块处于四周受压状态，取渗吸作用主导的两相对渗透率流区内一个微元（图4-1）进行分析。可知，该微元在压差（Δp，带压渗吸阶段初始压力与孔隙压力差值）作用下孔隙体积减小（压实作用），并且在毛细管压力作用下发生逆向渗吸（Q_w和Q_o分别代表水相和油相的流速）。本章基于低场核磁共振测试技术，开展带压渗吸实验，模拟流体压力作用下的渗吸置换过程，剖析带压渗吸置换机理，并分析了边界条件、初始含水饱和度、层理方向及矿化度等因素对带压渗吸

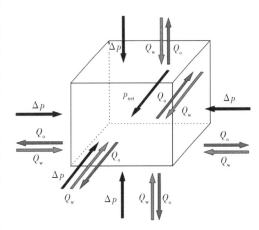

图 4-1　压差作用下逆向渗吸示意图

的影响。物理模拟实验结果不仅有助于理解致密岩心在压差作用下的渗吸置换机理，对于预测油藏尺度闷井时间也有一定的指导意义。

一、实验样品与实验装置

1. 实验样品

15块致密岩心样品（直径2.54cm，长度4.8~7.2cm）取自鄂尔多斯盆地延长组主力开发层系长 6_3^2，取心深度2100~2200m，该井段为三角洲前缘—前三角洲沉积沉积环境，样品岩性以细粒长石岩屑砂岩和粗粉砂岩为主，黏土矿物以伊利石（45.8%）和绿泥石（55.4%）为主。岩心样品经过洗油（溶剂抽提法，30天），烘干（105℃密闭烘箱，48小时）处理后，测定其孔隙度（氮气注入法）和渗透率（脉冲衰减法）。

岩心样品（表4-1）分为两组，第一组用于分析不同围压对渗吸置换效率影响，优选围压。岩心样品需要在端面截取一段（1~2cm）用于高压压汞测试，其余部分（长度4.6~5.2cm）使用真空加压饱和装置进行处理，抽真空48h后，在20MPa的压力下使用航空煤油饱和5天，取出岩心，静置48小时后用于带压渗吸实验，岩心边界条件为所有面开启

（AFO）。实验中岩心孔隙压力忽略不计，因此，在不同围压下开展带压渗吸实验，即认为模拟净压力作用下带压渗吸过程。

第二组十块岩心样品在优选围压下继续进行带压渗吸实验，分析不同实验条件（初始含水饱和度、边界条件、矿化度及层理方向等影响因素）对渗吸置换效率影响。其中，用于分析初始含水饱和度影响的三块岩心样品预先使用真空加压饱和装置进行处理，抽真空48小时后，在20MPa压力下使用氘水饱和5天，然后使用岩心驱替实验装置造束缚水，使用航空煤油在恒压0.5MPa下分别驱替一段时间，营造不同初始含水饱和度条件。其余七块岩心样品同样用真空加压饱和装置进行处理，抽真空48小时后，在20MPa压力下使用航空煤油饱和5天，然后进行带压渗吸实验。

表 4-1 岩心样品物性参数

实验类别	岩心编号	深度（m）	直径（cm）	长度（cm）	气测渗透率（mD）	气测孔隙度（%）	饱和油孔隙度（%）
高压压汞	C11	2179.70	2.51	1.76	0.034	10.54	—
	C12	2179.90	2.53	1.71	0.030	9.71	—
	C13	2180.40	2.53	1.70	0.048	12.53	—
	C14	2180.60	2.53	1.72	0.031	8.79	—
	C15	2180.60	2.53	1.71	0.049	11.32	—
带压渗吸	C21	2179.70	2.51	5.21	0.034	10.54	9.69
	C22	2179.90	2.53	5.26	0.030	9.71	9.04
	C23	2180.40	2.53	4.96	0.048	12.53	10.76
	C24	2180.60	2.53	5.23	0.031	8.79	7.49
	C25	2180.60	2.53	4.60	0.049	11.32	7.41
	C6	2144.80	2.50	5.41	0.037	11.05	10.21
	C7	2210.80	2.53	5.16	0.077	11.54	10.32
	C8	2070.90	2.53	4.64	0.042	9.56	8.66
	C9	2070.50	2.51	5.54	0.019	9.17	7.98
	C10	2070.60	2.51	5.30	0.059	11.01	9.84
	C11	2136.20	2.51	4.28	0.038	10.85	9.12
	C12	2148.50	2.53	4.84	0.034	8.62	6.98
	C13	2134.00	2.52	5.29	0.099	13.56	11.25
	C14	2070.50	2.53	4.64	0.034	9.71	8.54
	C15	2070.60	2.51	5.54	0.019	9.17	8.01

实验流体为质量分数为2%~10%的氯化钾氘水溶液和3号航空煤油。其中，氘水（纯度99.9%）和航空煤油均购自实验材料供应商剑桥同位素实验室（Cambridge Isotope Laboratories），两种流体详细物性参数见表4-2，氯化钾（纯度≥99.8%）购自国药集团

化学试剂有限公司。

表 4-2　流体样品物性参数

流体类型	密度（g/cm³）	黏度（mPa·s）	界面张力（mN/m）
油	0.83	2.53	26.82
氘水	1.09	1.25	72.75

2. 实验装置

低场核磁共振分析仪（型号 MesoMR-060H-HTHP-I）与高压压汞仪（型号 Micromeritics AutoPore IV 9520）主要技术参数同第三章第一节。Teledyne ISCO 高压高精度柱塞泵（型号 260D），主要技术参数包括容积 266mL、最高压力 50MPa，单泵流速范围 0.001~107mL/min，双泵连续流动流速范围 0.01~80mL/min；活塞式中间容器（美国 Corelab 公司生产，型号 CFR），主要技术参数包括材质 HC、容积 1000mL、最高压力 7250psi、最高温度 300℉。转向均匀酸化多功能驱替模拟实验装置（美国 Corelab 公司生产，型号 AFS-870），主要技术参数包括最高压力 70MPa、最高温度 177℃，计量泵流速范围 0.01~50mL/min，岩心夹持器满足直径 1in 和 1.5in 两种类型，长度 2~8in 可调，中间容器包括三个 1000mL 活塞容器，其中两个为哈氏合金材质，一个为不锈钢 316L 材质；压力传感器精度 0.1%F·s。

二、实验方法

1. 高压压汞

采用高压压汞仪进行测试，获取致密岩心孔径分布及平均孔隙半径，结合低场核磁 T_2 谱测试结果，应用平均值法确定致密岩心表面弛豫率。致密岩心样品测试前置于 200℃ 的密闭烘箱中，持续 24 小时。

2. 带压渗吸

渗吸置换过程影响因素众多，包括与岩心样品的物性参数（孔隙度、渗透率、孔隙结构、润湿性、含水饱和度和重力等），流体参数（密度、黏度、矿化度和界面张力等），边界条件（所有面开启、单面开启和两面开启等）及外部环境（压力和温度等）。本章将针对以下影响因素进行重点研究：压力、边界条件、初始含水饱和度、层理方向和矿化度。

首先，分析围压对带压渗吸影响，确定临界压力；其次，在优选压力下继续开展带压渗吸实验，分析边界条件、初始含水饱和度、层理方向和矿化度等单因素对带压渗吸效果影响。因此，将致密岩心样品（表 4-1）分为两组，分别进行测试，第一组饱和油岩心样品（所有面开启）主要用于分析不同压力对渗吸效果的影响，第二组岩心样品用于分析在给定的压力下，边界条件、初始含水饱和度、层理方向和矿化度对渗吸效果的影响。

1）不同围压下的带压渗吸

第一组岩心样品带压渗吸实验具体步骤如下：

（1）低场核磁共振分析仪测试岩心样品初始状态 T_2 谱；

（2）岩心样品与 100mL 2%KCl 氘水溶液置于活塞式中间容器（图 4-2），打开中间容器上游和下游的阀门；

（3）开启活塞式中间容器的上游和下游的二通阀，然后通过 ISCO 高压高精度柱塞泵以 10mL/min 的恒定流速向中间容器底部持续注入蒸馏水，直到上游的二通阀出液，关闭上游的二通阀；

（4）ISCO 高压高精度柱塞泵切换至恒压工作模式，保持五个活塞式中间容器内压力分别为 0MPa、2.5MPa、5MPa、10MPa 和 15MPa；

（5）在设定时刻取出岩心样品，使用棉纱擦干岩心表面后，测定岩心样品 T_2 谱；

（6）重复步骤（2）～（5），持续测定 25 天，直到实验结束；

（7）将不同时间下测定的 T_2 谱累积信号幅值与煤油质量进行换算，按下式计算渗吸置换效率；

$$R_{oil} = \frac{m_0 - m_i}{m_0} \times 100\% \tag{4-1}$$

式中　R_{oil}——渗吸置换效率,%;

　　　m_o——带压渗吸实验前岩心样品孔隙内煤油质量,g;

　　　m_i——带压渗吸过程中，第 i 次测定的岩心样品孔隙内煤油质量,g。

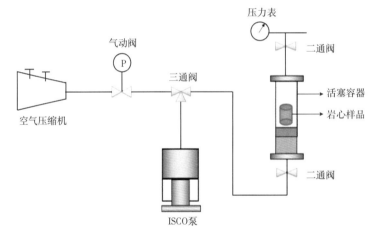

图 4-2　带压渗吸装置示意图

2）不同条件下的带压渗吸

根据第一组实验中优化的围压，继续开展带压渗吸实验，使用第二组岩心样品（表 4-3）分析边界条件、初始含水饱和度、层理方向和矿化度对渗吸效果影响，步骤与第一组基本一致，不同之处在于实验前岩心样品预处理过程。

表 4-3　带压渗吸影响因素

类别	岩心编号	影响因素	
第一组	C25	围压	0MPa
	C21		2.5MPa
	C22		5MPa
	C23		10MPa
	C24		15MPa

续表

类别	岩心编号	影响因素	
第二组	C6	边界条件	单面开启，OEO
	C7		两面开启，TEO
	C8		两端封闭，TEC
	C9	初始含水饱和度	30%~60%
	C10		
	C11		
	C12	岩心钻取方向	平行层理方向
	C13		垂直层理方向
	C14	矿化度	5%（质量分数）KCl 氘水溶液
	C15		10%（质量分数）KCl 氘水溶液

（1）边界条件。

块饱和油岩心样品（C22、C6、C7 和 C8）边界条件分别为所有面开启［图 4-3 (a)］、两面开启［图 4-3 (b)］、单面开启［图 4-3 (c)］和两端封闭［图 4-3 (d)］。其中，两面开启和单面开启岩心的侧面使用全氟乙烯丙烯共聚物（FEP）材质热缩管进行包裹，单面开启和两端封闭岩心的端面使用厚 2mm 的 FEP 材质圆形薄片及少量环氧树脂（型号为 EPONTM Resin 828）进行密封。

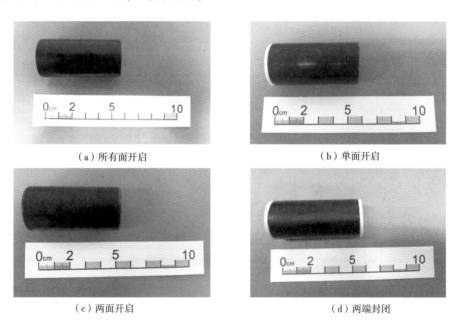

（a）所有面开启　　　　　　　　　　　（b）单面开启

（c）两面开启　　　　　　　　　　　（d）两端封闭

图 4-3　不同边界条件岩心样品

为确保密封岩心侧面和端面的材质不影响低场核磁信号测试结果，需要测定饱和油岩心样品边界处理前后 T_2 谱，测定的 T_2 谱基本一致的前提下，才能确保带压渗吸实验结果的可靠性。

（2）初始含水饱和度。

三块致密岩心样品（C9、C10 和 C11）使用抽真空饱和装置进行处理，抽真空 48 小时后，在 20MPa 恒定压力下饱和质量分数 2% KCl 氯水溶液 48 小时。取出岩心，使用称重法确定岩心孔隙体积。然后，采用油水动态驱替法，以恒定压差 0.5MPa 持续注入 3 号航空煤油，连续驱替岩心样品 24~96 小时，取出后静置 48 小时，测定岩心样品 T_2 谱，构建不同初始含水饱和度。结合式（4-1）中煤油质量与 T_2 谱累积信号幅值换算公式，确定含水饱和度计算公式：

$$S_{wi} = \left[1 - \frac{\left(\sum A_i - \sum A_j \right) \times 0.125 \times 1.11}{0.8 \times (m_1 - m_0)} \right] \times 100\% \qquad (4-2)$$

式中　S_{wi}——含水饱和度,%;

　　　ΣA_i 和 ΣA_j——分别为饱和水岩心样品使用煤油驱替前/后测定的 T_2 谱累积信号幅值, a. u. ;

　　　m_1、m_0——分别为岩心样品饱和水前后的质量, g;

　　　0.125——煤油质量与 T_2 谱累积信号幅值拟合得到的曲线的斜率, g/a. u. ;

　　　1.11、0.8——分别为质量分数 2% KCl 氯水溶液和 3 号航空煤油密度, g/cm³。

（3）层理方向。

致密储层中发育部分层理，同一层位中平行于层理方向的岩心渗透率高于垂直于层理方向的岩心渗透率，即层理方向对致密岩心中流体的流动具有重要影响。选取沿着平行层理方向钻取的岩心样品［C12，图 4-4（a）］和垂直层理方向钻取的岩心样品［C13，图 4-4（b）］，在优选围压下进行带压渗吸实验。

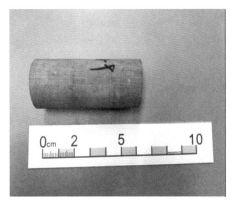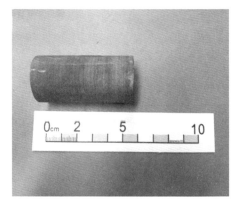

（a）平行层理方向　　　　　　　　　　　　（b）垂直层理方向

图 4-4　层理方向不同的岩心样品

（4）矿化度。

致密储层中原始地层水矿化度较高，与注入的低矿化度压裂液形成化学势差，影响渗吸置换效果。选取岩心三块岩心样品（C22、C14 和 C15），分别以 2%、5% 和 10% 的质量分数的 KCl 氯水溶液（表 4-4）作为渗吸流体进行对比，分析不同矿化度溶液对带压渗吸效果影响。

表4-4 流体样品物性参数

流体类型	密度（g/cm³）	黏度（mPa·s）	界面张力（mN/m）
2%（质量分数）KCl 氘水溶液	1.11	1.25	72.75
5%（质量分数）KCl 氘水溶液	1.15	1.35	73.58
10%（质量分数）KCl 氘水溶液	1.20	1.85	75.21

三、实验结果

1. 孔径分布规律

根据高压压汞测试的孔径分布 [图4-5（a）]，可以看出，孔径分布主要集中在以下四个区间：1~10nm、10~100nm、100~1000nm 及大于1000nm。参照 Loucks 等提出的孔隙尺寸分类方法，孔隙类型分为纳米孔（小于1.0μm）、微孔（1.0~62.5μm）和中孔（62.5μm~4.0mm）三大类。可以看出，致密岩心样品孔隙类型主要为纳米孔（平均86.76%）和微孔（平均13.24%）。相应地，低场核磁共振 T_2 谱测试结果显示 [图4-5（b）]，按 T_2 值大小，孔径分布集中在以下四个区间：小于0.1ms，0.1~10ms，10~100ms 及大于100ms。

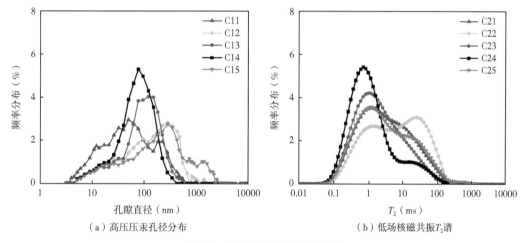

（a）高压压汞孔径分布　　　　　　　　（b）低场核磁共振T_2谱

图4-5 孔隙半径分布测试结果

岩心 C11 与 C21 取自同一块岩心样品，认为其物理性质基本一致，应用平均值法，即式（3-4）计算致密岩心样品表面弛豫率，将 T_2 谱与孔径分布进行换算。同理，可以确定其余四块岩心样品表面弛豫率（表4-5）。可以看出，五块致密岩心表面弛豫率分别为2.75μm/s、3.56μm/s、7.02μm/s、10.68μm/s 和6.37μm/s，平均值为6.08μm/s。

表4-5 致密岩心表面弛豫率计算结果

岩心编号	T_{2LM}（ms）	R_p（nm）	ρ（μm/s）
C21	3.11	34.2	2.75
C22	5.49	78.2	3.56
C23	2.08	58.5	7.02
C24	1.29	55.3	10.68
C25	3.20	81.4	6.37

表面弛豫率计算结果显示，将 T_2 谱转化为相应孔径分布（图 4-6），其结果与高压压汞法实测孔径分布结果相关性较好，即使用 T_2 可有效反映孔径分布。

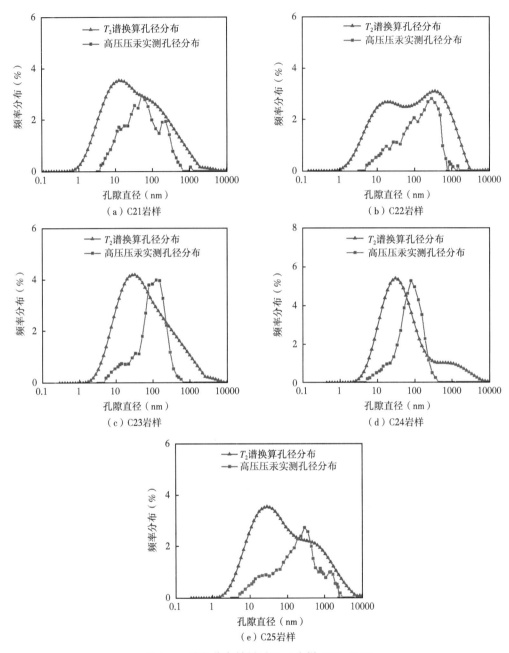

图 4-6　孔径分布结果对比（岩样 C21~C25）

2. 油相分布规律

T_2 谱不仅可以有效反映孔径分布规律，更重要的是，T_2 谱可以有效反映孔隙内流体分布特征。根据致密岩心样品饱和油状态下测定的 T_2 谱［图 4-5（b）］，可以进一步确定不同孔隙空间内油相分布规律（图 4-7）。

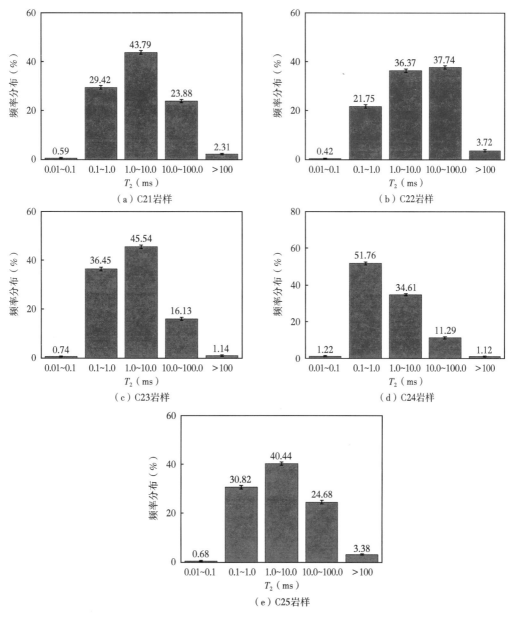

图 4-7　不同孔隙内油相分布比例（岩样 C21~25）

（a）C21 纳米孔内含油质量分数 97.10%；（b）C22 纳米孔内含油质量分数 95.86%；（c）C23 纳米孔内含油质量分数 98.12%；（d）C24 纳米孔内含油质量分数 97.66%；（e）C25 纳米孔内含油质量分数 95.95%

结果显示，质量分数为 95.94%~98.12% 的油分布在纳米孔（$0.1ms \leqslant T_2 \leqslant 100ms$）内，其中，纳米微孔、纳米中孔、纳米大孔内含油质量分数分别为 34.04%、40.15% 及 22.75%。纳米孔是主要储集空间，带压渗吸实验将对这部分孔隙内发生的渗吸置换过程进行重点探讨。

3. 渗吸置换效率

自发/带压渗吸置换效率随时间变化关系曲线（图 4-8）可划分为两个阶段（分别用

两条虚线表示）。渗吸初期，致密岩心样品吸水量迅速增加，渗吸置换量及相应的渗吸置换效率均快速上升；之后，吸水量逐渐趋于饱和，渗吸置换过程逐渐达到平衡状态，渗吸置换效率逐渐趋于稳定。随着压力的增加，五块致密岩心样品渗吸置换效率随时间变化关系曲线中，两条虚线交点（渗吸置换效率由快速上升阶段进入稳定阶段转折点）处对应时间分别为 15 天、10 天、7 天、5 天和 3 天。

类似地，渗吸置换效率随时间平方根变化关系曲线（图4-9）也可划分为两个阶段：第一阶段，带压渗吸置换效率与时间平方根成指数关系，而自发渗吸置换效率则与时间平方根呈线性关系；第二阶段，自发/带压渗吸置换效率与时间平方根均呈线性关系。

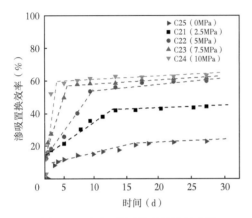

图4-8　自发/带压渗吸置换效率随
时间变化关系曲线

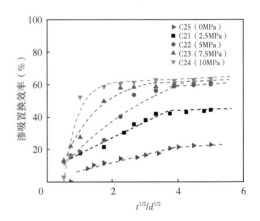

图4-9　自发/带压渗吸置换效率随时间的
平方根变化关系曲线

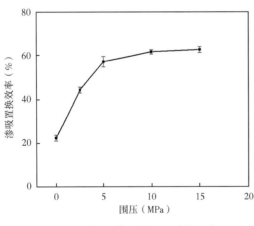

图4-10　自发/带压渗吸置最终置换
效率随压力变化关系曲线

渗吸置换效率随压力变化关系曲线（图4-10）也可分为两个阶段，当压力小于5MPa时，渗吸置换效率快速上升，然后逐渐趋于稳定。相比于自发渗吸，随着压力增加，最终渗吸置换效率分别提高21.36%、36.03%、38.85%及40.47%。

4. 影响因素分析

根据带压渗吸置换效率随时间及压力变化关系曲线，可以确定临界压力为5MPa。因此，设定围压为5MPa，继续开展带压渗吸实验，分析边界条件、初始含水饱和度、层理方向和矿化度对带压渗吸效果影响。

为定量分析不同影响因素下各尺度孔隙内的渗吸置换效果，首先需分析饱和油岩心样品实验前不同尺度孔隙内油相分布规律。根据测定 T_2 谱对不同尺度孔隙内含油量进行统计分析。

1）不同边界条件

为构造不同边界条件，岩心样品表面添加全氟垫片、热缩管和微量环氧树脂材料，岩心

C22、C6、C7 和 C8 的边界条件分别为 AFO、OEO、TEO 和 TEC。初始状态下 T_2 谱（图 4-11）和不同尺度孔隙内含油量（图 4-12）分析结果显示：质量分数为 92.57%~96.19% 的油分布在纳米孔内，其中，纳米微孔、纳米中孔和纳米大孔内含油质量分数略有差异，但总体差异不大。

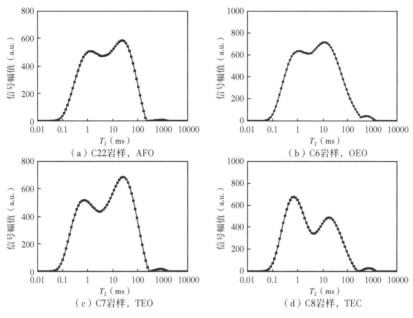

图 4-11 致密岩心样品饱和油状态下 T_2 谱

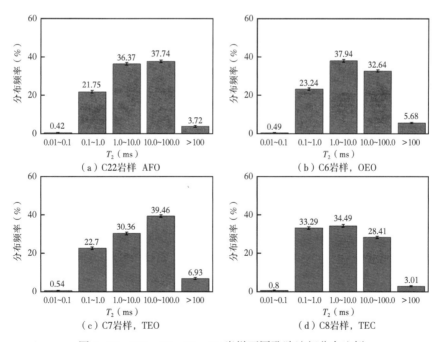

图 4-12 C22、C6、C7、C8 岩样不同孔隙油相分布比例

（a）C22 纳米孔内含油质量分数 95.86%；（b）C6 纳米孔内含油质量分数 93.83%；

（c）C7 纳米孔内含油质量分数 92.57%；（d）C8 纳米孔内含油质量分数 96.19%

2）不同初始含水饱和度

使用 3 号航空煤油，以恒定压差 0.5MPa，对饱和 2%（质量分数）KCl 氘水溶液的致密岩心样品进行驱替，持续注入 0~96 小时。初始状态下 T_2 谱 [图 4-13（a）~（c）] 和不同尺度孔隙内含油量 [图 4-13（d）] 分析结果显示：（1）岩心样品 C9、C10 和 C11 分别驱替 96 小时、72 小时和 48 小时后，含水饱和度分别为 34%、42% 和 52%；（2）质量分数为 96.19%~97.40% 的油分布在纳米孔内 [图 4-13（d）]，纳米孔是主要储集空间。

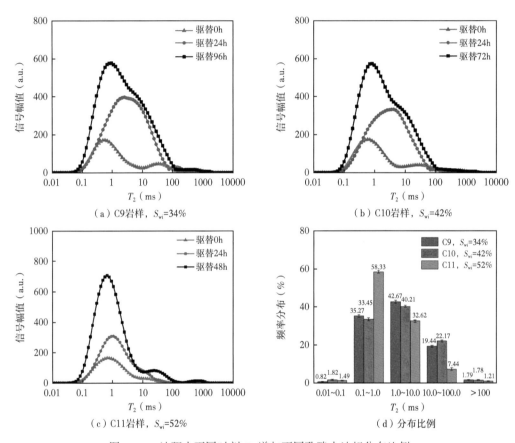

图 4-13　油驱水不同时刻 T_2 谱与不同孔隙内油相分布比例
（a）C9、C10 和 C11 初始含水饱和度分别为 34%、42% 和 55%；（b）质量分数为 96.19%~97.40% 油分布在纳米孔

3）不同层理方向

分别沿平行层理方向和垂直层理方向钻取得到的致密岩心样品 C12 和 C13 进行带压渗吸实验前，T_2 谱测试结果（图 4-14）显示：岩心样品 C12 和 C13 纳米孔内含油质量分数分别为 97.69% 和 97.68%，纳米孔是主要储集空间。

4）不同矿化度

分别使用 5%（质量分数）KCl 和 10%（质量分数）KCl 氘水溶液对致密岩心样品 C14 和 C15 进行带压渗吸，并与岩心样品 C22 [2%（质量分数）KCl 氘水溶液] 实验结果进行对比。初始状态 T_2 谱（图 4-15）测试结果显示：岩心样品 C22、C14 和 C15 纳米孔内含油质量分数分别为 95.86%、97.69% 和 97.68%，纳米孔是主要储集空间。

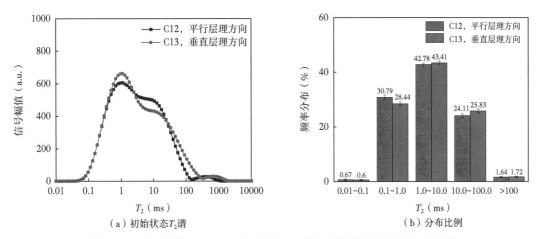

（a）初始状态T_2谱 　　　　（b）分布比例

图4-14　岩心样品C12、C13初始状态T_2谱与不同孔隙内油相分布比例

（a）C12与C13分别平行和垂直层理方向；（b）C12与C13纳米孔内含油质量分数为97.69%和97.68%

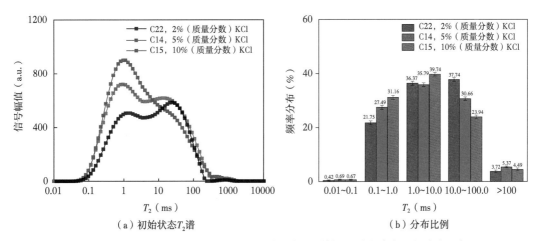

（a）初始状态T_2谱 　　　　（b）分布比例

图4-15　岩心样品C22、C14、C15初始状态T_2谱与不同孔隙内油相分布比例

（a）C22、C14与C15渗吸流体矿化度分别为质量分数2% KCl、质量分数5% KCl和质量分数10 % KCl；

（b）C22、C14和C15纳米孔内含油质量分数分别为95.86%、93.94%和94.84%

5. 不同条件带压渗吸置换效率

1）不同边界条件

绘制不同边界条件下岩心样品渗吸置换效率随渗吸时间变化关系曲线（图4-16），结果显示：（1）置换效率随时间变化关系曲线均可划分为两个阶段：渗吸初期，致密岩心样品吸水量迅速增加，渗吸置换效率与时间呈线性关系；渗吸后期，致密岩心样品吸水量逐渐趋于饱和，渗吸置换过程逐渐达到平衡状态，渗吸置换效率逐渐趋于稳定；转折点处对应时间均为7天；（2）渗吸采收率受边界影响较大，不同边界条件下渗吸置换效率差异明显，边界条件分别为AFO、OEO、TEO、TEC时，对应最终渗吸置换效率分别为59.92%、12.61%、13.63%、23.29%。

2）不同初始含水饱和度

绘制不同初始含水饱和度岩心样品渗吸置换效率随时间变化关系曲线（图4-17），结果显示：（1）随时间增加，可以划分为两个阶段：第一阶段置换效率与时间成幂函数关系，第二阶段置换效率与时间呈线性关系；（2）随初始含水饱和度增加，最终渗吸置换效率逐渐降低（分别为14.49%、11.58%和8.53%）；（3）随初始含水饱和度增加，置换效率由快速上升阶段进入稳定阶段的转折点处对应的时间逐渐减少（分别为7天、5天和3天），即初始含水饱和度越高，渗吸置换过程进行越快。

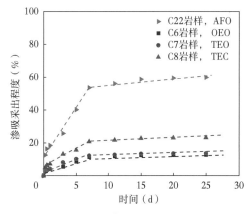

图4-16 不同边界条件岩心样品带压渗吸置换效率随时间变化关系曲线

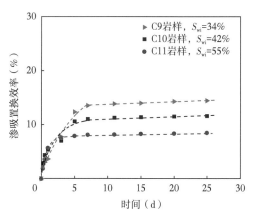

图4-17 不同初始含水饱和度岩心样品带压渗吸置换效率随时间变化关系曲线

3）不同层理方向

绘制不同层理方向岩心样品渗吸置换效率随时间变化关系曲线（图4-18），结果显示：（1）随时间增加，渗吸置换效率可划分为快速上升和平稳上升两个阶段；且两个阶段拐点处对应时间均为5天；（2）平行/垂直层理方向最终渗吸置换效率分别为21.97%和31.16%，均低于无层理发育岩心样品（C22岩样，置换效率59.92%）。

4）不同矿化度

绘制岩心样品在不用矿化度下渗吸置换效率随时间变化关系曲线（图4-19），结果显

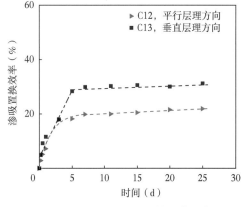

图4-18 不同层理方向岩心样品带压渗吸置换效率随时间变化关系曲线

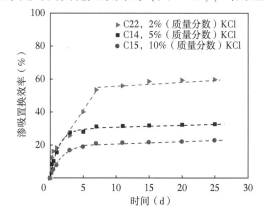

图4-19 岩心样品在不同矿化度下带压渗吸置换效率随时间变化关系曲线

示：（1）随时间增加，渗吸置换效率均可划分为快速上升和平稳上升两个阶段，分别使用
2%、5%和10%质量分数的KCl氚水溶液时，两阶段拐点处时间分别为7天、3天和3天；
（2）随矿化度增加，最终渗吸置换效率逐渐降低（59.92%、32.67%和23.16%）。

四、结果讨论

1. 自发渗吸与带压渗吸对比

1）渗吸置换效率随渗吸时间变化规律

实验中致密岩心样品为强水湿性，渗吸过程中毛细管压力为主要驱油动力，即随渗吸
时间增加，自发/带压渗吸置换效率均增加，且均可细分为两个阶段：第一阶段，自发渗
吸和带压渗吸置换效率均与渗吸时间线性相关，但相比于自发渗吸过程，带压渗吸过程吸
水速率显著提高；第二阶段，致密岩心样品含水饱和度大幅增加后，减缓了渗吸置换作
用，自发渗吸与带压渗吸置换效率均缓慢增加并趋于稳定。此外，带压渗吸最终置换效率
随压力变化关系曲线（图4-10）显示，存在临界围压，即当其高于该压力时，最终渗吸置
换效率逐渐趋于稳定。这一变化规律与致密岩心样品应力敏感特征有关：即随围压增
加，致密岩心样品有效孔隙半径会显著降低。根据毛细管压力计算公式（$p_c = 2\sigma\cos\theta/r$）
可知，在界面张力和接触角不变条件下，孔隙半径随净压力变化规律直接决定毛细管力变
化规律。因此，对于水湿性岩心而言，带压渗吸过程的主要驱动力（毛细管压力）相比于
自发渗吸过程会显著增加，提高吸水速率，增加渗吸置换效率。这其中最重要原因就是致
密岩心样品存在应力敏感特征，产生了强化的渗吸作用。

2）渗吸置换效率随时间平方根变化规律

自发/带压渗吸置换效率随渗吸时间平方根变化关系曲线（图4-9）也可划分为两个
阶段：第一阶段，自发渗吸置换效率与时间平方根仍然成正比关系，但是带压渗吸置换效
率则与时间平方根成指数关系，不再满足Washburn方程[1]；第二阶段，自发/带压渗吸置
换效率与时间平方根均呈线性关系。因此，强化的渗吸作用并不是引起带压渗吸置换效率
提高的唯一原因，压实作用同样发挥了重要作用，即围压影响下由于孔隙体积压缩，造成
孔隙内部分油被挤出。但是，难以定量化表征强化的渗吸作用与压实作用分别对于带压渗
吸置换效率的贡献，这是由于实验中只监测到油相信号，而不是水相信号。后期研究中如
果可以监测到水相信号，则可以进行定量化表征，因为渗吸作用会引起含水饱和度极大增
加，而压实作用则不会引起含水饱和度增加。

3）微米—纳米级尺度孔隙内油相动用规律

分析T_2谱变化特征，可以了解渗吸置换过程中致密岩心样品孔隙内油相分布规律，
便于进一步理解带压渗吸置换规律。初始状态下致密岩心样品纳米孔（$0.1\text{ms} \leq T_2 \leq$
100ms）内含油质量分数超过95%，是主要储集空间。以渗吸过程中测定的T_2谱及纳米孔
内油相分布规律为研究对象，剖析渗吸置换规律。图4-20（a）中五条曲线分别代表自发
渗吸实验过程中测定的T_2谱，两条曲线积分面积的差值反映了这段时间内渗吸置换量。
图4-20（b）反映了自发渗吸实验前后纳米孔内油相分布比例。可以看出，自发渗吸过程
在初期进行很快，并且主要发生在纳米孔中，当渗吸时间超过15天后，渗吸过程进行缓
慢，T_2谱几乎不变（积分面积减少量小于3%），即时间节点为15天时测定的T_2谱为临
界曲线。自发渗吸实验前后，致密岩心样品中油相主要分布在纳米孔内，渗吸置换过程主

要发生在纳米孔内，且纳米中孔和纳米大孔内渗吸置换效率分别为8.58%和5.50%，而纳米微孔内渗吸置换效率较低（5.07%）。

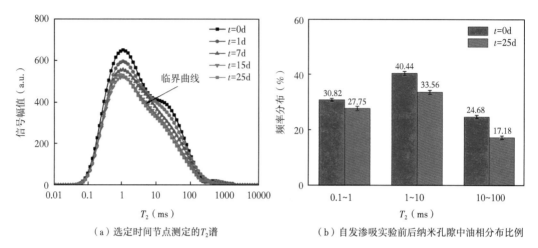

（a）选定时间节点测定的T_2谱　　　　（b）自发渗吸实验前后纳米孔隙中油相分布比例

图4-20　致密岩心样品B25自发渗吸特征 $p = 2.5$MPa

　　相比之下，致密岩心样品在不同围压下的带压渗吸置换过程进行更快（图4-21至图4-24），T_2谱变化幅度更大，纳米孔内渗吸置换效率更高。当围压由2.5MPa逐渐增加至15MPa时，渗吸置换过程拐点处对应渗吸时间分别为10天、7天、5天及3天。带压渗吸过程中，纳米微孔、纳米中孔和纳米大孔中渗吸置换效率平均值分别为20.44%、23.72%和9.91%。相比之下，自发渗吸过程中，这三类孔隙空间中渗吸置换效率分别为5.07%、8.58%和8.50%。因此，带压渗吸更易使得较小孔隙内发挥渗吸置换作用。

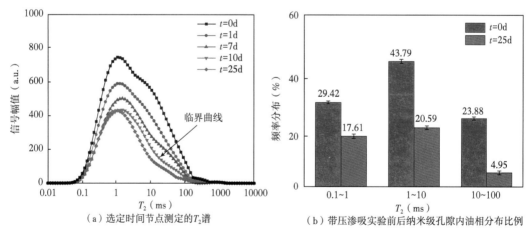

（a）选定时间节点测定的T_2谱　　　　（b）带压渗吸实验前后纳米级孔隙内油相分布比例

图4-21　致密岩心样品C21带压渗吸特征 $p = 2.5$MPa

　　因此，致密岩心样品自发渗吸与带压渗吸过程的渗吸置换作用主要发生在纳米级孔隙内。但是，相比于自发渗吸过程，带压渗吸过程的渗吸置换效率均大幅提升，纳米微孔、纳米中孔和纳米大孔中渗吸置换效率均有提升，尤其以纳米微孔和纳米中孔效果最显著。

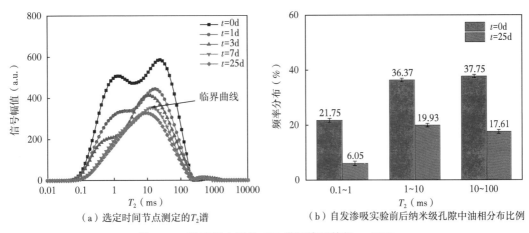

（a）选定时间节点测定的T_2谱　　　　（b）自发渗吸实验前后纳米级孔隙中油相分布比例

图4-22　致密岩心样品C22带压渗吸特征 $p=5\mathrm{MPa}$

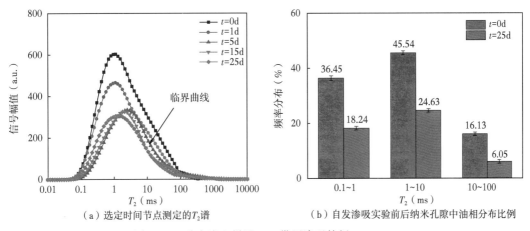

（a）选定时间节点测定的T_2谱　　　　（b）自发渗吸实验前后纳米孔隙中油相分布比例

图4-23　致密岩心样品C23带压渗吸特征 $p=10\mathrm{MPa}$

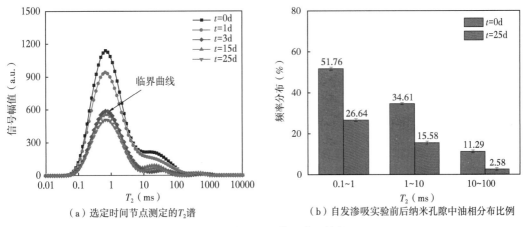

（a）选定时间节点测定的T_2谱　　　　（b）自发渗吸实验前后纳米孔隙中油相分布比例

图4-24　致密岩心样品C24带压渗吸特征 $p=15\mathrm{MPa}$

4）毛细管内力学分布图

绘制自发/加压渗吸过程单毛细管内力学分布示意图，也可以从毛细管压力角度简单解释带压渗吸置换过程。对于所有面开启的致密岩心样品（图 4-25），选取左侧二分之一部分进行分析，并且将上下开启边界产生的渗吸置换量等效到左边界，即简化为单面开启逆向渗吸过程。图 4-26 中，黑色线代表逆向自发渗吸过程，蓝色线代表逆向带压渗吸过程，$q_{w/o}$ 分别代表水相和油相流速，x_f 代表渗吸前缘（即油水界面），$p_{w/o}$ 分别代表水相和油相压力，p_c 代表渗吸前缘处毛细管力，$p_{c,o}$ 代表毛细管回压。以自发渗吸过程为例，解释逆向渗吸过程。当水相到达前缘之前，水相压力线性降低（由 $p_{c,0}$ 降低至 $p_{w,f0}$），油相压力（$p_{o,f0}$）保持不变；当水相到达油水界面（即渗吸前缘）处，在毛细管压力 $p_{c,f0}$ 作用下，渗吸前缘逆向移动，毛细管压力由 $p_{c,f0}$ 线性降低至 $p_{c,0}$，此时，岩心左侧端面逐渐有油相产生，即逐渐完成渗吸置换过程。相比于自发渗吸过程，带压渗吸过程中毛细管压力大于

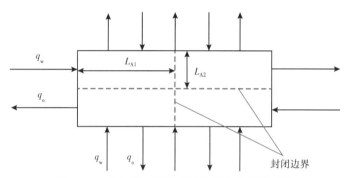

图 4-25　岩心样品所有面开启逆向渗吸示意图

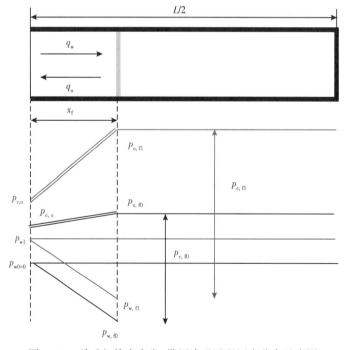

图 4-26　单毛细管中自发/带压渗吸过程压力分布示意图

自发渗吸过程毛细管压力，驱替前缘由 x_f 处运移至岩心左侧边界产生的压降会大于自发渗吸过程，即该阶段直线的斜率大于自发渗吸过程，渗吸速度相应增加，相同时间内渗吸置换油量也会增加。

2. 不同条件下带压渗吸规律

对比带压渗吸与自发渗吸实验结果可知，T_2 谱变化特征及微米—纳米级尺度（本节主要讨论 T_2 介于 0.1~100ms）孔隙内油相动用规律最能体现带压渗吸特征，因此，本节将这两个角度对不同影响因素作用下的带压渗吸特征进行讨论。

1）边界条件

四种不同边界条件下测定的 T_2 谱（图4-27）均显示出双峰特征，随时间变化规律类似，临界曲线对应时间均为7天。渗吸置换作用在较小孔隙（纳米微孔和纳米中孔）中效果显著（图4-28），但由于边界条件不同，渗吸置换效率差异明显，单面开启时岩心渗吸置换效率最低，所有面开启时最高。实验结果反映出渗吸接触面积对渗吸置换效率会产生较大影响，接触面积越大，渗吸置换效率越高。但是，部分边界封闭的岩心样品，压实作用对于置换效率的贡献是否会受到影响，在该实验中暂时无法定量判断，需要后续补充实验，通过测定水的信号（反映含水饱和度变化）来进行分析。

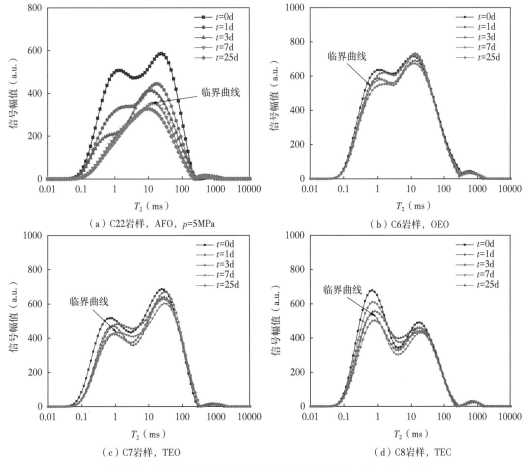

（a）C22岩样，AFO，p=5MPa

（b）C6岩样，OEO

（c）C7岩样，TEO

（d）C8岩样，TEC

图4-27 选定时间节点测定的 T_2 谱（岩样 C22、C6、C7、C8）

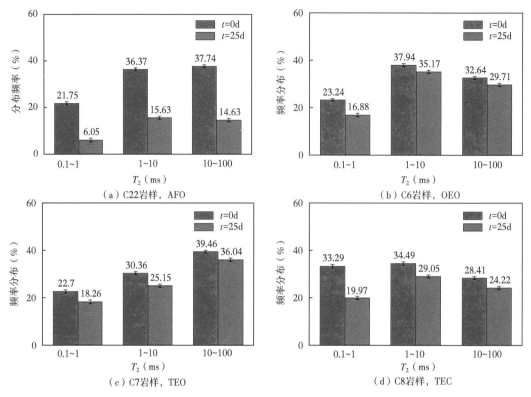

图 4-28　带压渗吸实验前后纳米级孔隙内油相分布比例（岩样 C22、C6、C7、C8）

2）初始含水饱和度

初始含水饱和度分别为 34%、42% 和 54% 的岩心样品，各自 T_2 谱随时间变化曲线差异较小（图 4-29），临界曲线不明显，反映出渗吸置换效率较低（不超过 15%）。这是由于，强水湿性岩心样品在初期饱和水过程中，较小的孔道由于毛细管压力的作用大部分被水相占据，后期采用油驱水的方式营造不同含水饱和度环境，在不改变岩心润湿性情况下，较小孔隙中油相饱和度相比于完全饱和油岩心样品更低。而渗吸置换过程主要体现在对较小孔隙中的油相置换，因此，含水饱和度越高，越不利于渗吸置换过程。基于上述实验结果，可以推断出，在裂缝区域较远的储层，由于其含水饱和度较高，在带压渗吸的条件下，置换效率会更低（图 4-30）。

3）层理方向

平行层理和垂直层理岩心样品 T_2 谱随时间变化关系曲线（图 4-31）差异明显，临界曲线对应的时间均为 5 天，纳米微孔、纳米中孔和纳米大孔中油相均动用，没有明显差异（图 4-32），相比于基质岩心样品（C22），最终渗吸置换效率较低，说明层理发育的致密岩心样品不利于渗吸置换过程。

此外，垂直层理方向的岩心样品置换效率高于平行层理方向岩心样品（分别为 31.16% 和 21.97%），原因在于：层理相对于基质而言是高渗透通道，岩心沿平行层理方向时，流体易沿着层理间流动，受到的渗流阻力较小，不利于渗吸置换过程。

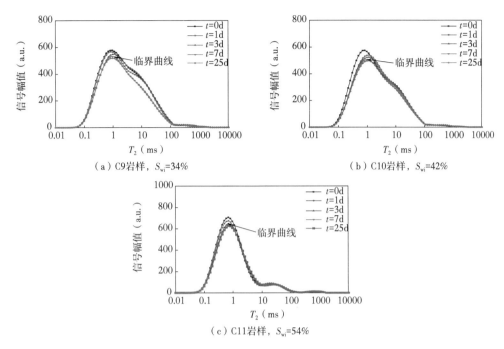

图 4-29 选定时间节点测定的 T_2 谱（岩样 C9、C10、C11）

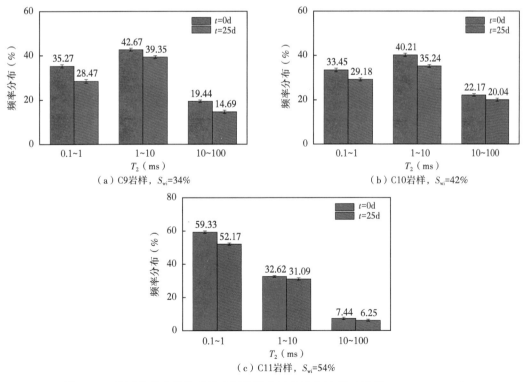

图 4-30 带压渗吸实验前后纳米级孔隙中油相分布比例（岩样 C9、C10、C11）

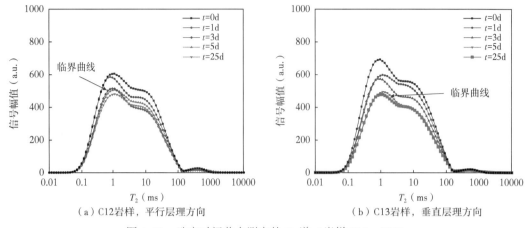

（a）C12岩样，平行层理方向　　　　　　（b）C13岩样，垂直层理方向

图 4-31　选定时间节点测定的 T_2 谱（岩样 C12、C13）

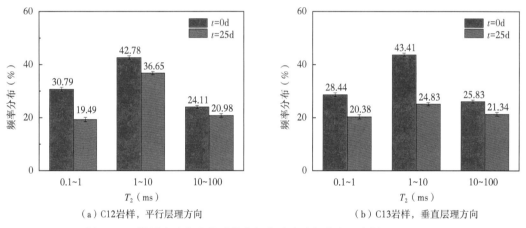

（a）C12岩样，平行层理方向　　　　　　（b）C13岩样，垂直层理方向

图 4-32　带压渗吸实验前后纳米级孔隙中油相分布（岩样 C12、C13）

4）矿化度

使用不同矿化度氯化钾氘水溶液开展带压渗吸实验，岩心样品 T_2 谱随时间变化关系曲线（图 4-33）差异明显，矿化度较低时，纳米微孔内更易发生渗吸置换（图 4-34），随着矿化度的增加，三种类型孔隙空间内渗吸置换效率差异不大。

上述现象可从化学势角度进行解释，致密油储层中原始地层水的矿化度较高，与注入的低矿化度压裂液形成化学势差，因此除毛细管压力外，由矿化度造成的化学势差也是一种驱动力，可用表示为：

$$\frac{\mu_{\mathrm{w}}^{\mathrm{f}} - \mu_{\mathrm{w}}^{\mathrm{m}}}{V_{\mathrm{w}}} = p_{\mathrm{w}}^{\mathrm{f}} - p_{\mathrm{w}}^{\mathrm{m}} + \lambda \frac{RT}{V_{\mathrm{m}}} \ln \frac{x_{\mathrm{f}}}{x_{\mathrm{m}}} \qquad (4-3)$$

式中　$\mu_{\mathrm{m}}^{\mathrm{f}}$ 和 $\mu_{\mathrm{w}}^{\mathrm{m}}$——分别为基质中压裂液和原始地层水化学势；

　　　　V_{w}——水相摩尔体积；

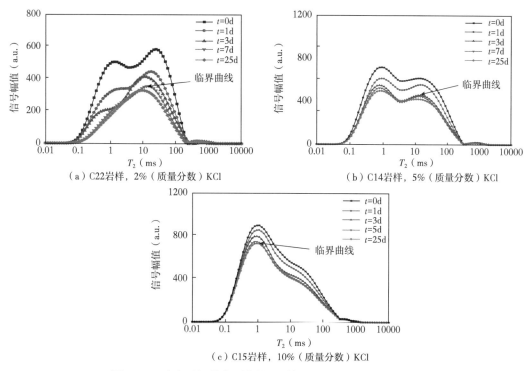

图 4-33　选定时间节点测定的 T_2 谱（岩样 C22、C14、C15）

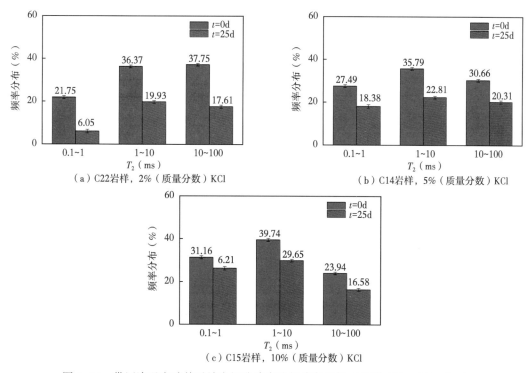

图 4-34　带压渗吸实验前后纳米级孔隙内油相分布比例（岩样 C22、C14、C15）

p_w^f 和 p_w^m——分别为裂缝和基质内孔隙压力；

x_f、x_m——分别为压裂液和原始地层水中水分子摩尔分数；

λ——膜效率，与黏土相关。

对于同矿化度水溶液，水分子摩尔分数可以通过分析溶液中矿物浓度而计算得到。

式（4-3）表明，致密油储层渗吸过程中，驱动液体的作用力不仅与毛细管压力有关，还与地层水和压裂液之间的水相摩尔分数之差（即渗透压差）相关。由于进入岩心 B14 中的置换液为 5%（质量分数）KCl 溶液，其矿化度与岩心内原始矿化度之差大于 C15 岩心中 10%（质量分数）KCl 溶液与岩心内原始矿化度之差。因此，岩心 C14 测定的 $\lambda \dfrac{RT}{V_w} \ln \dfrac{x_f}{x_m}$ 值更大，即受到化学势的驱动更大，因此，溶液矿化度越高，越不利于渗吸置换过程。

第二节　致密岩心滤失渗吸规律

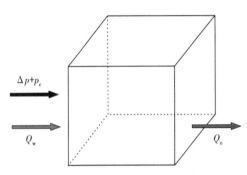

图 4-35　驱替压差与毛细管压力共同
作用下的同向渗吸过程

渗吸滤失阶段是衰竭式水驱油过程，且伴随着渗吸作用。取渗吸滤失作用主导的两相对渗透率流区内一个微元（图 4-35）进行分析，可知渗吸滤失过程是在驱替压差和毛细管压力共同作用下的同向渗吸过程。本节通过开展衰竭式水驱油实验模拟渗吸滤失过程，确定衰竭式水驱油过程中岩心入口压力扩散规律。首先需要确定始驱替压差，提出以恒压水驱油实验（或理论模型）中驱油效率最大为目标，优化驱替压差。然后，开展衰竭式水驱物理模拟实验，确定岩心入口压力递减规律。

一、恒压水驱油驱替压差优化

1. 恒压水驱油理论模型

1）模型假设

假设如下：（1）致密岩心孔隙由若干根半径不相等、但长度相等、且相互平行的毛细管组成，毛细管半径大小满足正态分布规律；（2）单根毛细管内只存在活塞式驱替，油水交界面即驱替前缘；（3）出口压力为大气压，相比于入口压力可忽略；（4）束缚水以水膜形式覆着在毛细管壁面上，即考虑边界层厚度影响；（5）不考虑温度影响。

2）模型推导

（1）单毛细管模型。假设第 i 根毛细管中水驱油过程如图 4-36 所示，根据 Hagen-Poiseuille 方程建立第 i 根毛细管内压力平衡，可得：

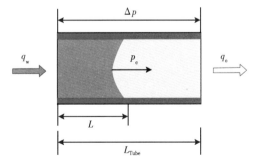

图 4-36　单毛细管模型示意图

$$p_{ci} + \Delta p = q\left(\frac{8\mu_o(L_{Tube} - L_i)}{\pi r_i^4}\right) + \frac{8\mu_w L_i}{\pi r_i^4} \tag{4-4}$$

其中：
$$p_{ci} = \frac{2\sigma\cos\theta}{r_i} \tag{4-5}$$

$$q = q_w = q_o = \pi r_i^2 \frac{\mathrm{d}L}{\mathrm{d}t} \tag{4-6}$$

将式（4-5）、式（4-6）代入式（4-4），可得：

$$[\mu_o(L_{tube} - L_i) + \mu_w L_i]\mathrm{d}L_i = \frac{1}{8}\left(\frac{2\sigma\cos\theta}{r_i} + \Delta p\right)r_i^2\mathrm{d}t \tag{4-7}$$

对式（4-7）两边分别积分，可得：

$$L_i^2 + \frac{2\mu_o L_{tube}}{\mu_w - \mu_o}L_i - \frac{\left(\dfrac{2\sigma\cos\theta}{r_i} + \Delta p\right)r_i^2 t}{4(\mu_w - \mu_o)} = 0 \tag{4-8}$$

求解式（4-8），可得：

$$L_i = -\frac{\mu_o L_{Tube}}{\mu_w - \mu_o} + \frac{\mu_o L_{Tube}}{\mu_w - \mu_o}\sqrt{1 + \frac{(\Delta p r_i^2 + 2\sigma\cos\theta r_i)(\mu_w - \mu_o)}{4\mu_o^2 L_{Tube}^2}t} \tag{4-9}$$

由式（4-9）可以确定单毛细管中驱油效率：

$$
\begin{aligned}
R_i &= \frac{L_i}{L_{Tube}} \times 100\% \\
&= \left[-\frac{\mu_o}{\mu_w - \mu_o} + \frac{\mu_o}{\mu_w - \mu_o}\sqrt{1 + \frac{(\Delta p r_i^2 + 2\sigma\cos\theta r_i)(\mu_w - \mu_o)}{4\mu_o^2 L_{Tube}^2}t}\right] \times 100\% \\
&= \frac{\mu_o}{\mu_w - \mu_o}\left[\sqrt{1 + \frac{(\Delta p r_i^2 + 2\sigma\cos\theta r_i)(\mu_w - \mu_o)}{4\mu_o^2 L_{Tube}^2}t} - 1\right] \times 100\%
\end{aligned}
$$

$$\tag{4-10}$$

式中　p_{ci}——毛细管压力，MPa；

Δp——驱替压差，MPa；

L_{Tube}——毛细管长度，μm；

L_i——水相运动距离，μm；

r_i——毛细管半径，μm；

σ——油水两相间界面张力，mN/m；

θ——接触角，(°)；

q_w、q_o——分别为水相和油相流量，cm³/s；

R_i——单毛细管中驱油效，%。

（2）毛细管束模型。

根据毛细管束由相互独立的平行毛细管组成这一假设，并且毛细管半径满足正态分布规律，考虑边界层厚度影响，可以建立以下关系式：

$$f(r_i) = \frac{1}{\sqrt{2\pi}\sigma_0}\exp\left[-\frac{(r_i - \upsilon)^2}{2\sigma_0^2}\right] \tag{4-11}$$

$$\delta_i = \delta_0 + r_i \cdot \exp\left[-B \cdot (\nabla p)^{-C}\right] \tag{4-12}$$

$$A = \frac{\sum_{i=1}^{n} N \cdot f(r_i)\pi r_i^2}{\phi} \tag{4-13}$$

联立式（4-10）至式（4-13），得到毛细管束模型中驱油效率：

$$
\begin{aligned}
R_{\text{Bundle}} &= \frac{\sum_{i=1}^{N} L_i}{NL_{\text{Tube}}} \times 100\% \\
&= \frac{\sum_{i=1}^{N}\left(-\frac{\mu_o L}{\mu_w - \mu_o} + \frac{\mu_o L}{\mu_w - \mu_o}\sqrt{1 + \frac{(\Delta p r_i^2 + 2\sigma\cos\theta r_i)(\mu_w - \mu_{nw})}{4\mu_o^2 L_{\text{Tube}}^2}t}\right)Nf(r_i)}{NL_{\text{Tube}}} \times 100\% \\
&= \sum_{i=1}^{N}\frac{\mu_o f(r_i)}{\mu_w - \mu_o}\left[\sqrt{1 + \frac{(\Delta p r_i^2 + 2\sigma\cos\theta r_i)(\mu_w - \mu_o)}{4\mu_o^2 L_{\text{Tube}}^2}t} - 1\right] \times 100\% \\
&= \sum_{i=1}^{N}\frac{\mu_o f(r_i)}{\mu_w - \mu_o} \times \\
&\quad \left(\sqrt{1 + \frac{\{\Delta p (r_i - \delta_0 - r_i\exp[-B(\nabla p)^{-C}])^2 + 2\sigma\cos\theta (r_i - \delta_0 - r_i\exp[-B(\nabla p)^{-C}])\}(\mu_w - \mu_{nw})}{4\mu_o^2 L_{\text{Tube}}^2}t} - 1\right) \times 100\%
\end{aligned}
$$
$$\tag{4-14}$$

式中 $f(r_i)$ ——毛细管半径概率密度函数；

σ_i ——标准差，μm；

r_i ——第 i 根毛细管半径，μm；

υ ——毛细管半径平均值，μm；

δ_i ——边界层厚度，μm；

δ_0 ——流体边界固化层的厚度，μm；

B 和 C ——分别为与固体壁面和流体性质有关的参数；

N ——毛细管数量；

ϕ ——孔隙度；

A ——岩心截面积，μm²；

L ——毛细管长度，μm；

R_{Bundle} ——毛细管束模型中驱油效率，%。

2）理论模型计算结果

分别设定驱替压差为 2.5MPa、5MPa、7.5MPa 和 10MPa，利用式（4-11）计算得到不同驱替压差下，驱油效率随时间变化关系曲线（图 4-37、图 4-38）。可以看出：（1）相同驱替压差下，驱油效率随时间增加先增加，然后逐渐趋于稳定，这是由于在恒定驱替压差下，前缘运动规律满足 Washburn 方程，即前缘运动距离与 $t^{1/2}$ 成正比；（2）最终驱油效率随驱替压差增加呈现先增加然后逐渐趋于稳定的规律，这主要是由于随驱替压差增加，孔隙壁面上束缚水膜变薄（即边界层厚度减少），流体流动通道变大。在水驱油过程中，对于水湿性岩心，作为驱油动力的毛细管压力和驱替压差发挥着协同作用，有效地促进了渗吸过程；（3）最优驱替压差为 5MPa。

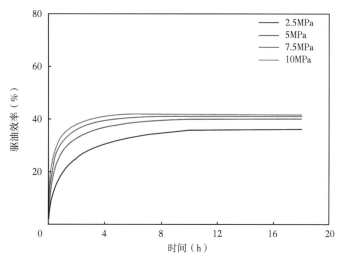

图 4-37　不同驱替压差下驱油效率随时间变化规律

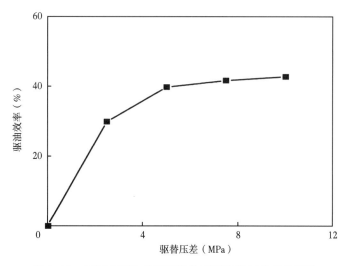

图 4-38　恒压水驱油最终驱油效率随驱替压差变化规律

2. 恒压水驱油理论模型验证

为验证理论模型的正确性，选取四块致密岩心样品开展恒压水驱油物理模拟实验，并将实验结果与模型计算结果进行对比分析。

1）实验样品与实验装置

选取物性相近的四块致密砂岩岩心样品（表4-6），属于石英质长石砂岩，黏土矿物主要由伊利石、绿泥石及伊/蒙混层三类组成。实验前，岩心样品先进行洗油（溶剂抽提法）、烘干预处理，然后使用抽真空加压饱和装置进行处理，抽真空48小时，在20MPa压力下使用航空煤油饱和5天，使用称重法测量其孔隙度。

表4-6 岩心样品（D1~D4）基础物性参数

实验类别	岩心编号	深度（m）	直径（cm）	长度（cm）	气测渗透率（mD）	气测孔隙度（%）	饱和油孔隙度（%）
恒压驱替	D1	2180.12	2.53	5.41	0.081	8.66	7.51
	D2	2185.60	2.51	5.40	0.043	9.29	8.03
	D3	2206.50	2.53	5.32	0.042	9.54	8.36
	D4	2207.90	2.52	5.53	0.046	12.88	11.28

流体样品包括2%（质量分数）KCl 氘水溶液和3号航空煤油，流体物性参数见表4-2。

本实验采用高温高压驱替—低场核磁共振一体化实验装置（图4-39），实现对致密岩心连续驱替过程实时监测，避免因扫描测量间断（覆压条件下由于孔隙压缩造成的油水分布差异）对结果产生影响。

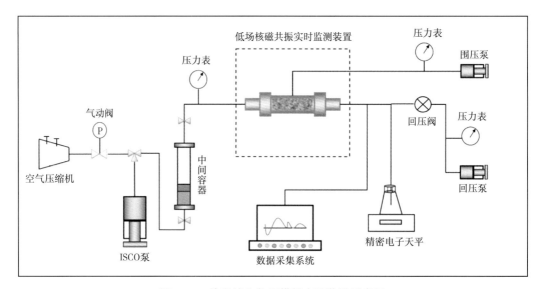

图4-39 渗吸滤失物理模拟实验装置示意图

高温高压驱替装置由江苏华安机械公司生产，包括恒压恒速驱替泵、围压跟踪泵、气体增压系统、循环加热系统、回压阀及全氟材质岩心夹持器等组件。驱替压差范围为0~

25MPa，围压范围为 0~30MPa。MesoMR-060H-HTHP-I 型低场核磁共振分析仪由纽迈分析仪器股份有限公司生产，硬件基本参数包括共振频率 21.326MHz、磁体强度 0.48T、线圈直径为 25.4mm，测试环境温度为 18~22℃；测试采用 CPMG（Carr、Purcell、Meiboom 和 Gill）脉冲序列，主要包括回波时间 $T_E = 300\mu m$、间隔时间 $T_W = 3000ms$、回波个数 NECH = 8000。

2）实验方法

恒压驱替实验具体操作步骤如下：

（1）饱和油岩心样品置于岩心夹持器中，围压加至 2MPa，使用 MesoMR-060H-HTHP-I 型低场核磁共振分析仪测定致密岩心饱和油之后 T_2 谱；

（2）入口端以恒压模式持续注入 2%（质量分数）KCl 氯水溶液，出口压力为大气压，保持四块岩心样品驱替压差分别为 2.5MPa、5MPa、7.5MPa 和 10MPa，保持围压分别为 4.5MPa、7.5MPa、9.5MPa 和 12MPa；

（3）每隔 30~60min 监测一次低场核磁 T_2 谱信号，直到测定 T_2 谱不再变化为止（累积信号幅值减少不超过 3%）；

（4）将测定 T_2 谱转化为煤油质量，计算驱油效率：

$$R_{FWI} = \frac{m_0 - m_i}{m_0} \times 100\%$$
(4-15)

式中　R_{FWI}——驱油效率，%；

　　m_0——实验前岩心样品孔隙内煤油质量，g；

　　m_i——在第 i 次测定的岩心样品孔隙内煤油质量，g。

3）实验结果

（1）驱替前后 T_2 谱变化规律。

根据驱替前后测定的 T_2 谱（图 4-40）可以确定驱油效率。

可以看出两点：第一，随着驱替压差增加，驱油效率达到稳定阶段的时间由 12 小时逐渐减少至 7 小时；第二，不同驱替压差下，不同尺寸孔隙内油相驱油效率不同，低驱替压差下，$T_2 > 100ms$ 部分的孔隙内驱油效率低，随着驱替压差增加，$T_2 > 100ms$ 部分的孔隙内驱油效率逐渐提高。

（2）驱油效率变化规律。

将驱油效率随驱替压差变化关系曲线与计算结果进行对比（图 4-41）。可以看出两点：第一，实验结果与理论模型计算结果接近，平均误差为 6.76%；第二，实验结果与理论模型计算结果中，临界驱替压差均为 5MPa。

4）结果讨论

（1）水驱油实验前微米—纳米级尺度孔隙内油相分布规律。

根据 T_2 值大小，可以看出油相集中分布在小于 0.1ms、0.1~1ms、1~10ms、10~100ms、大于 100ms 这五类孔隙空间中（图 4-42）。尤其是纳米孔和微孔/中孔，含油质量分数超过 99%。因此，将针对纳米孔和微孔/中孔内水驱油规律进行重点讨论。

（2）水驱油实验后微米—纳米级尺度孔隙内水驱油规律。

恒压水驱油实验后，不同尺度孔隙内油相分布比例发生较大变化，对比实验前后纳米

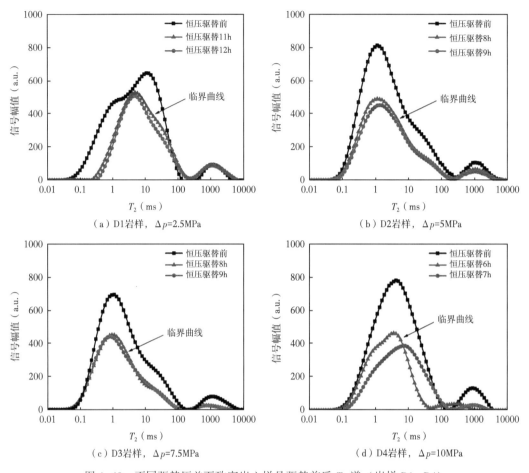

（a）D1岩样，Δp=2.5MPa

（b）D2岩样，Δp=5MPa

（c）D3岩样，Δp=7.5MPa

（d）D4岩样，Δp=10MPa

图4-40　不同驱替压差下致密岩心样品驱替前后 T_2 谱（岩样 D1~D4）

孔和微孔/中孔内油相分布比例（图4-43），可以看出：第一，驱替压差较小（Δp = 2.5MPa）时，纳米微孔内驱油效率（17.36%）

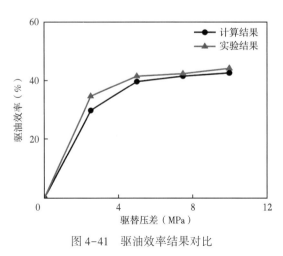

图4-41　驱油效率结果对比

最高，但是微孔/中孔内的油不但没有减少，含油量反而增加了 2.20%，这可能是由于在低驱替压差下，水湿性致密砂岩岩心孔隙中毛细管压力（驱油动力）发挥了重要作用，部分纳米孔内的油在毛细管压力作用下从纳米孔先进入微孔/中孔，然后再排出。这一过程与自发/带压渗吸过程类似，均是在毛细管压力主导下的水驱油过程；第二，驱替压差适中（Δp 为 5MPa 或 7.5MPa）时，纳米孔和微孔/中孔内驱油效率大致相同（分别为 41.61% 和 42.51%），驱替压差和毛细管压力对于驱油效率的协同效应发挥最大；第三，驱替压差较大（Δp =

10MPa）时，纳米微孔内驱油效率较低（6.01%），纳米大孔和微孔/中孔驱油效率较高（分别为16.70%和5.16%），因此，在10MPa的驱替压差下，毛细管压力作用较弱，这是一个驱替压差主导的水驱油过程。驱替压差较高时，驱油效率达到稳定阶段时间为6~7h，周期较短，但是，该过程中测定的T_2谱显示，部分纳米中孔变为纳米大孔（T_2变大），可能是由于驱替压差过高造成了部分孔隙中的微粒运移，对于后期驱油效率产生了不利影响。

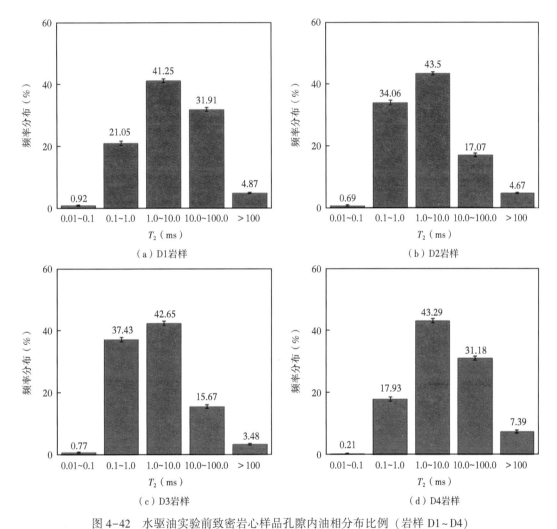

图4-42　水驱油实验前致密岩心样品孔隙内油相分布比例（岩样 D1~D4）

（a）纳米孔内含油质量分数94.21%，微孔/中孔内含油质量分数4.87%；（b）纳米孔内含油质量分数94.64%，微孔/中孔内含油质量分数4.67%；（c）纳米孔内含油质量分数95.75%，微孔/中孔内含油质量分数3.48%；（d）纳米孔内含油质量分数92.40%，微孔/中孔内含油质量分数7.41%

根据恒压水驱油物理模拟实验，可以确定，驱替压差为5MPa时，驱替压差和毛细管压力协同作用发挥最大，对提高驱油效率最有利，并且与理论模型计算结果一致。

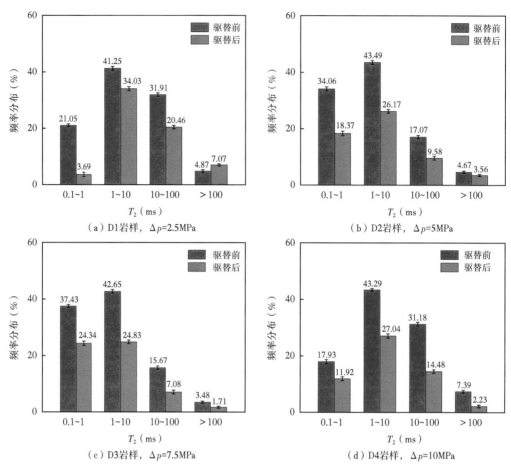

图 4-43 衰竭式水驱油实验前后纳米孔和微孔/中孔内油相分布比例（岩样 D1~D4）

（a）纳米孔内含油质量分数降低 36.03%，微孔/中孔内含油质量分数增加 2.20%；（b）纳米孔内含油质量分数降低 40.50%，微孔/中孔内含油质量分数降低 1.11%；（c）纳米孔内含油质量分数降低 39.50%，微孔/中孔内含油质量分数降低 2.77%；（d）纳米孔内含油质量分数降低 38.86%，微孔/中孔内含油质量分数降低 5.16%

二、恒压水驱油驱替压差优化

根据恒压水驱油过程优化的驱替压差（5MPa），开展衰竭式水驱油物理模拟实验。

1. 实验样品与实验装置

选取与本章第二节第一部分恒压衰竭式水驱油实验物性相近的致密砂岩岩心样品。实验前，岩心样品先进行洗油（溶剂抽提法）、烘干预处理，然后使用抽真空加压饱和装置进行处理，抽真空 48 小时，在 20MPa 压力下使用航空煤油饱和 5 天，并使用失重法测量其孔隙度，岩心物性参数见表 4-7。

表 4-7 岩心样品（D5）基础物性参数

实验类别	岩心编号	深度（m）	直径（cm）	长度（cm）	气测渗透率（mD）	气测孔隙度（%）	饱和油孔隙度（%）
衰减式水驱油	D5	2210.80	2.53	5.16	0.077	11.54	10.33

流体样品包括 2%（质量分数）KCl 氘水溶液和 3 号航空煤油，流体物性参数同表 4-2。本实验采用与本章第二节第一部分相同的实验装置，即高温高压驱替—低场核磁共振一体化实验装置。

2. 实验方法

衰竭式水驱油物理模拟实验具体操作步骤如下：

（1）饱和油岩心样品置于岩心夹持器中，围压加至 2MPa，使用 MesoMR-060H-HTHP-I 型低场核磁共振分析仪测定致密岩心饱和油之后的 T_2 谱；

（2）入口端以恒定流速 0.02mL/min 持续注入 2%（质量分数）KCl 氘水溶液，进行排空，保证管线内没有空气，直到入口端压力达到 5MPa，稳定一段时间，关闭入口端阀门，出口端压力为大气压，围压采用压力跟踪模式，始终高于入口压 2MPa；

（3）实时监测入口端压力；

（4）每隔 30~60min 监测一次低场核磁 T_2 谱信号，直到测定的 T_2 谱不再变化为止（累积信号幅值减少小于 3%）；

（5）根据式（4-15）计算驱油效率。

3. 实验结果与讨论

1）压力递减规律

入口压力递减曲线（图 4-44）可以划分为三个阶段，整个过程持续约 50h，按照时间先后顺序可划分为三个区域，分别是快速递减区、过渡区和稳定区。第一阶段中，压力传播速度快，入口压力快速递减，持续 12.5 小时，入口压力随时间呈指数关系快速递减；第二阶段中，压力传播速度减慢，入口压力缓慢递减，持续 17.5 小时，入口压力随时间呈线性关系，是由快速递减进入稳定传播的过渡阶段；第三阶段中，压力逐渐趋于稳定，压降速度极慢，持续 20 小时，入口压力随时间呈线性关系；不同阶段压力递减曲线的交点处对应时间分别为 12.5 小时和 30 小时。

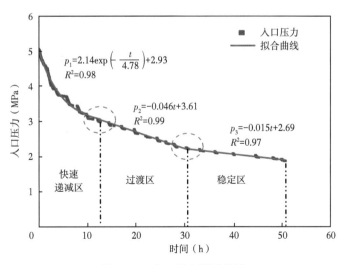

图 4-44　入口压力递减曲线

2）T_2 谱变化规律

岩心样品进行实验前测定的 T_2 谱（图 4-45）显示，质量分数为 90.01% 和 9.99% 的油相分别储集在纳米孔和微孔/中孔内，其中，纳米微孔（$0.1ms \leqslant T_2 < 1ms$）、纳米中孔（$1ms \leqslant T_2 < 10$）和纳米大孔（$10ms \leqslant T_2 < 100ms$）中含油质量分数分别为12.13%、44.59%及32.43%。

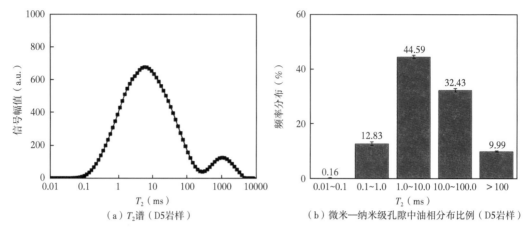

（a）T_2谱（D5岩样）　　　　　　（b）微米—纳米级孔隙中油相分布比例（D5岩样）

图4-45　实验前岩心样品孔隙内油相分布规律

纳米孔和微孔/中孔是主要储集空间，实验前后测定的 T_2 谱［图4-46（a）］及不同孔隙含油量结果［图4-46（b）］显示：随着时间增加，纳米微孔和纳米中孔内驱油效率均逐渐增加；而纳米大孔和微孔/中孔内驱油效率先减少后增加，部分相对小孔隙中的油进入相对大孔隙中。造成这一现象是由于：衰竭式水驱油初期，驱替压差主导，较大孔隙（纳米大孔和微孔/中孔）驱油效率较高；随着时间增加，毛细管压力逐渐占主导，较小孔隙（纳米微孔和纳米中孔）发生了渗吸置换效果显著，并且较小孔隙中的油会先运移至较大孔隙，然后置换出岩心孔隙。

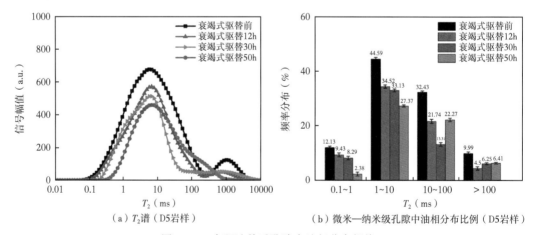

（a）T_2谱（D5岩样）　　　　　　（b）微米—纳米级孔隙中油相分布比例（D5岩样）

图4-46　水驱油前后孔隙内油相分布规律

绘制驱油效率随时间变化关系曲线（图4-47），结果显示，该曲线与压力递减过程类似，可划分为三个阶段。第一阶段，驱油效率随时间呈幂指数增加，这是由于在驱替压差和毛细管压力的协同作用下，造成致密岩心样品吸水量迅速增加，驱油效率快速上升；第二阶段，驱油效率上升速率减缓，这是由于驱替压差逐渐减小，对于驱油效率的贡献逐渐转变为毛细管压力，属于过渡阶段；第三阶段，驱油效率缓慢增加并逐渐趋于稳定，由毛细管压力主导，渗吸置换过程持续时间较长，驱油效率缓慢增加。

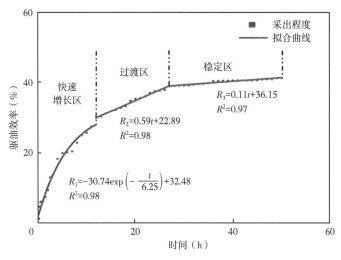

图 4-47　驱油效率随时间变化关系曲线

3）岩心尺度渗吸滤失阶段持续时间

渗吸滤失阶段持续时间是指由滤失作用（驱替压差）主导阶段进入渗吸作用（毛细管压力）主导阶段时对应时间节点，根据入口压力衰减曲线（图 4-44）可知，当时间在 30 小时附近时，入口压力逐渐趋于稳定，并且该时刻 T_2 谱测试结果显示，较大孔隙内驱油效率降低，较小孔隙内驱油效率大幅增加。结果表明，时间超过 30 小时后，衰竭式水驱油过程由毛细管压力主导，岩心尺度渗吸滤失阶段持续时间约为 30 小时。

第三节　闷井时间计算方法

根据井底压力随时间变化关系曲线，将闷井过程划分为以滤失作用为主导且伴随渗吸作用的压力递减阶段（即渗吸滤失阶段）和以渗吸作用为主导的压力稳定阶段（即带压渗吸阶段）。焖井时间等于渗吸滤失阶段压力扩散达到稳定阶段的时间（t_1-t_0）与带压渗吸阶段置换效率达到稳定阶段的时间（t_2-t_1）之和。建立渗吸滤失阶段和带压渗吸阶段无量纲时间模型，结合岩心尺度衰竭式水驱油与带压渗吸实验结果，提出计算压裂后闷井时间计算方法。

一、带压渗吸无因次时间模型

致密岩心渗吸置换过程与岩心样品形状、尺度、边界条件、孔隙度、渗透率、孔隙结构、流体黏度、润湿性及重力等影响因素有关。因此，考虑到影响渗吸作用的参数较多，为了带压渗吸实验结果进行归一化处理，便于将岩心尺度实验结果应用到油藏尺度，需建立无量纲标度模型，有效地对比不同岩心之间渗吸置换效率，间接预测油藏尺度开发指标，使得室内实验更具有应用价值，也为计算压裂后闷井时间奠定了理论基础。

首先，带压渗吸无量纲时间理论模型以自发渗吸无量纲时间模型为基础，通过引入

Leverett 毛细管束模型，结合致密岩心气体滑脱效应和应力敏感特征而构建，改善了现有的自发渗吸模型中未考虑围压影响这一缺陷；其次，开展带压渗吸实验得到室内岩心尺度不同围压下闷井时间；最后，提出闷井过程中带压渗吸阶段持续时间计算方法。

其中，带压渗吸理论模型特征主要体现在利用毛细管束模型将孔隙度和渗透率转化为平均孔隙半径，气体滑脱效应和应力敏感特征主要体现在致密岩心平均孔隙半径与净压力函数关系，带压渗吸实验特征主要体现在建立不同围压下渗吸置换效率随时间变化规律。将带压渗吸实验结果应用到油藏尺度的方法，可操作性强，为优化致密油藏大规模体积压裂后合理的闷井时间提供了理论依据。

1. 理论模型

将 Leverett 毛细管束模型引入 Mason 自发渗吸无量纲时间模型结合，将孔隙度和渗透率转为与孔隙半径相关的函数，结合孔隙半径随净压力变化规律，构建考虑净压力影响的带压渗吸无量纲时间模型。

毛细管束模型和自发渗吸无量纲时间模型如下：

$$r = \sqrt{\frac{8K_a}{\phi}} \qquad (4-16)$$

$$t_D = t\sqrt{\frac{K_a}{\phi}}\frac{2\sigma}{\mu_w(1+\sqrt{\mu_o/\mu_w})}\frac{1}{L_C^2} \qquad (4-17)$$

式中　t_D——无量纲时间；

　　　t——渗吸时间，s；

　　　K——气测渗透率，mD；

　　　ϕ——岩心孔隙度；

　　　μ_w——润湿相黏度，mPa·s；

　　　μ_o——非润湿相黏度，mPa·s；

　　　L_C——特征长度，cm。

特征长度 L_C 与岩心尺度和边界条件有关，按照式（4-18）计算：

$$L_C = \sqrt{V_b / \sum_{i=1}^{n}\frac{A_i}{L_{Ai}}} \qquad (4-18)$$

式中　V_b——岩心基质体积，cm³；

　　　A_i——第 i 方向上渗吸接触面的面积，cm²；

　　　L_{Ai}——渗吸前缘沿开启面到封闭边界距离，cm。

致密岩心中普遍发育微米—纳米级孔隙，孔隙半径与净压力大小密切相关，可由式（4-19）表达：

$$r = r(p) \qquad (4-19)$$

联立式（4-16）至式（4-19），得到带压渗吸无量纲时间模型：

$$t_D' = Cr(p)\frac{1}{L_C^2}t \qquad (4-20)$$

其中:
$$C = \frac{\sqrt{2}\sigma}{2\mu_w(1 + \sqrt{\mu_o/\mu_w})} \qquad (4-21)$$

2. 致密岩心孔隙半径随净压力变化规律

由式 (4-19) 可知,为了确定考虑围压影响的带压渗吸无量纲时间模型,关键在于确定孔隙半径随净压力变化规律。本节通过测定致密岩心样品在不同净压力下气测渗透率,根据 Klingkenberg 实验方法[2],确定致密岩心样品孔隙半径随净压力变化规律。

1) 实验样品与实验装置

四块岩心样品 (表4-8) 用于评价致密岩心应力敏感特征,使用脉冲衰减法测定不同净压力 (2.5MPa、5MPa、10MPa 及 15MPa) 下的气体渗透率,测试气体使用氮气。

表 4-8 岩心样品 (E1~E4) 基础物性参数

岩心编号	深度 (m)	直径 (cm)	长度 (cm)	气测渗透率 (mD)	气测孔隙度 (%)
E1	2179.20	2.51	3.24	0.026	10.25
E2	2180.50	2.52	3.21	0.015	7.57
E3	2180.80	2.52	3.27	0.037	10.67
E4	2180.70	2.53	3.51	0.014	7.36

测试仪器为 PDP-200 型脉冲衰减气体渗透率测量仪,主要技术参数包括:注入介质为氮气,岩样直径为 1in 和 1.5in,岩样长度为 3.75in,围压最高为 10000psi,渗透率测量范围为 0.00001~10mD,压力传感器精度为满量程的 0.1%。

2) 实验方法

(1) 脉冲衰减法测定气测渗透率。

脉冲衰减法气测渗透率计算式为:

$$K_a = \frac{\alpha\mu_g L C_g}{A\left(\dfrac{1}{V_u} + \dfrac{1}{V_d}\right)} \qquad (4-22)$$

式中 K_a——气测渗透率,mD;

α——压力衰减半对数曲线斜率,mPa/s;

μ_g——气体黏度,mPa·s;

C_g——气体压缩系数,MPa^{-1};

L——岩心样品长度,cm;

A——岩心样品截面积,cm^2;

V_u、V_d——分别为上游和下游腔体体积,mL。

(2) 气体滑脱因子与有效孔隙半径。

按照 Klingkenberg 实验步骤,绘制气测渗透率和平均压力倒数关系曲线,根据拟合曲线的斜率和截距确定克氏渗透率和气体滑脱因子,计算相应平均孔隙半径,并绘制孔隙半径随净压力变化关系曲线,拟合孔隙半径随净压力变化函数关系式:

$$K_a = K_\infty \left(1 + \frac{b}{p_p}\right) \tag{4-23}$$

$$b = \frac{4c\lambda p_p}{r} \tag{4-24}$$

$$\lambda = \frac{\mu}{p_p}\sqrt{\frac{RT\pi}{2M}} \tag{4-25}$$

式中　K_∞——克氏渗透率，mD；

　　　p_p——进出口压力平均值，MPa；

　　　b——气体滑脱因子，MPa；

　　　λ——气体分子平均自由程，μm；

　　　c——近似于1的比例常数；

　　　r——平均孔隙半径，μm；

　　　R——气体常数，J/（K·mol）；

　　　T——绝对温度，K；

　　　M——气体分子摩尔质量，g/mol。

3）实验结果

（1）气测渗透率。

通过注入氮气测定四块致密岩心样品渗透率，结果见表4-9。

表4-9　脉冲衰减法气测渗透率结果（岩心 E1~E4）

岩心编号	净压力（MPa）	入口压力（MPa）	出口压力（MPa）	围压（MPa）	气测渗透率（mD）
E1	2.5	0.73	0.62	3.21	0.0240
		0.88	0.70	3.38	0.0230
		1.04	0.87	3.55	0.0220
		1.22	1.04	3.72	0.0200
	5	0.72	0.59	5.69	0.0150
		0.87	0.69	5.86	0.0140
		1.03	0.87	6.03	0.0130
		1.20	1.04	6.21	0.0120
	7.5	0.74	0.56	10.69	0.0061
		0.87	0.82	10.86	0.0057
		1.05	0.87	11.03	0.0050
		1.22	1.05	11.21	0.0042
	10	0.70	0.62	15.69	0.0028
		0.83	0.74	15.86	0.0024
		1.05	0.96	16.03	0.0023
		1.22	1.13	16.21	0.0019

岩心编号	净压力 （MPa）	入口压力 （MPa）	出口压力 （MPa）	围压 （MPa）	气测渗透率 （mD）
E2	2.5	0.69	0.64	3.21	0.0180
		0.86	0.80	3.38	0.0160
		1.04	0.99	3.55	0.0150
		1.20	1.12	3.72	0.0150
	5	0.71	0.68	5.69	0.0170
		0.87	0.80	5.86	0.0160
		1.04	0.95	6.03	0.0150
		1.22	1.12	6.20	0.0130
	7.5	0.73	0.55	10.69	0.0052
		0.88	0.69	10.86	0.0046
		1.04	0.87	11.03	0.0041
		1.22	1.05	11.21	0.0035
	10	0.72	0.52	15.69	0.0025
		0.87	0.64	15.86	0.0020
		1.05	0.82	16.03	0.0019
		1.22	0.99	16.21	0.0016
E3	2.5	0.72	0.61	3.21	0.0280
		0.85	0.69	3.38	0.0270
		1.03	0.87	3.55	0.0260
		1.21	1.04	3.72	0.0240
	5	0.72	0.57	5.69	0.0120
		0.86	0.72	5.86	0.0110
		1.05	0.88	6.03	0.0092
		1.21	1.06	6.21	0.0088
	7.5	0.75	0.58	10.69	0.0081
		0.884	0.70	10.86	0.0070
		1.086	0.88	11.03	0.0063
		1.22	1.04	11.20	0.0055
	10	0.72	0.53	15.68	0.0046
		0.87	0.64	15.86	0.0041
		1.05	0.86	16.03	0.0038
		1.21	1.03	16.20	0.0028

续表

岩心编号	净压力 （MPa）	入口压力 （MPa）	出口压力 （MPa）	围压 （MPa）	气测渗透率 （mD）
E3	2.5	0.71	0.53	3.21	0.0170
		0.87	0.68	3.38	0.0160
		1.05	0.86	3.55	0.0150
		1.21	1.04	3.72	0.0130
	5	0.72	0.52	5.69	0.0120
		0.88	0.68	5.86	0.0110
		1.05	0.84	6.03	0.0092
		1.22	1.01	6.21	0.0091
	7.5	0.74	0.54	10.69	0.0076
		0.87	0.66	10.86	0.0059
		1.05	0.852	11.03	0.0043
		1.22	1.022	11.21	0.0026
	10	0.76	0.57	15.69	0.0047
		0.88	0.64	15.86	0.0036
		1.06	0.87	16.03	0.0031
		1.22	1.03	16.21	0.0022

（2）气测克氏渗透率、气体滑脱因子及有效孔隙半径。

按照计算结果，绘制气测渗透率和平均压力倒数关系曲线（图4-48），根据拟合曲线的斜率和截距确定克氏渗透率和气体滑脱因子，并计算得到相应平均孔隙半径（表4-10）。

表4-10 气体滑脱因子与有效孔隙半径测试结果（岩心C1~C4）

岩心编号	净压力 （MPa）	克氏渗透率 （mD）	气体滑脱因子 （MPa）	有效孔隙半径 （μm）
C1	2.5	0.0160	0.34	0.53
	5	0.0078	0.59	0.31
	10	0.0020	1.42	0.13
	15	0.0010	3.22	0.06
C12	2.5	0.0095	0.60	0.30
	5	0.0081	0.80	0.23
	10	0.0016	1.45	0.13
	15	0.0006	1.81	0.10
C3	2.5	0.0180	0.38	0.48
	5	0.0041	1.29	0.14
	10	0.0021	1.90	0.10
	15	0.0011	2.02	0.09

岩心编号	净压力 MPa	克氏渗透率 $10^{-3}\,\mu m^2$	气体滑脱因子 MPa	有效孔隙半径 μm
C4	2.5	0.0092	0.56	0.33
	5	0.0042	1.23	0.15
	10	0.0036	1.99	0.09
	15	0.0011	4.35	0.05

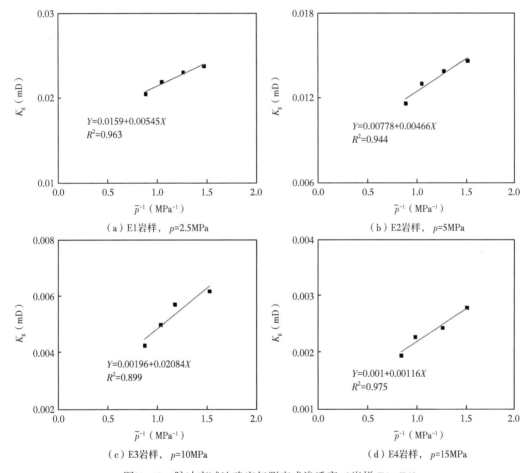

图4-48 脉冲衰减法确定气测克式渗透率（岩样 E1~E4）

4）结果讨论

根据有效孔隙半径计算结果，拟合得到孔隙半径随净压力变化关系曲线（图4-49）。可以看出，孔隙半径随净压力增加逐渐降低，可细分为两个阶段，每个阶段曲线斜率差异显著：第一，当净压力小于5MPa时，孔隙半径快速下降；第二，当净压力大于5MPa时，净压力缓慢降低并逐渐趋于稳定。

有效孔隙半径随净压力变化关系曲线可表达为：

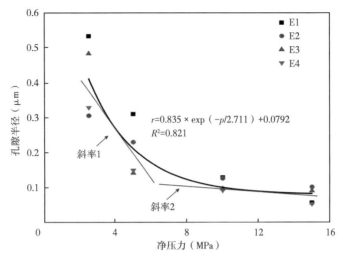

图 4-49　有效孔隙半径随净压力变化关系曲线

$$r = 0.835\exp(-p/2.711) + 0.0792 \qquad (4-26)$$

式中　r——有效孔隙半径，μm；

　　　p——净压力，MPa。

3. 带压渗吸置换效率随无量纲时间变化规律

选取应用广泛的 Mason 模型[3]进行对比，将推导的理论模型与致密岩心有效孔隙半径随净压力变化关系（式 4-26）及带压渗吸实验结果结合，可以得到致密岩心样品带压渗吸置换效率随无量纲时间变化规律。

1）不同围压下带压渗吸置换效率

分别使用未考虑围压影响的 Mason 无量纲时间模型和考虑围压影响的修正模型，得到不同围压下所有面开启、完全饱和油的致密岩心样品渗吸置换效率随无量纲时间变化关系曲线（图 4-50）。

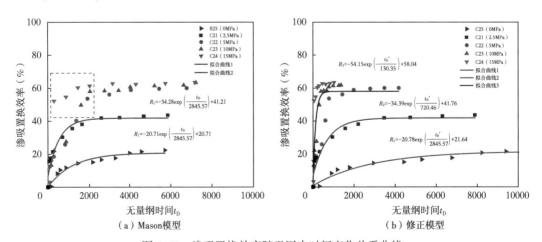

图 4-50　渗吸置换效率随无因次时间变化关系曲线

可以看出，渗吸置换效率随无量纲时间变化关系曲线可划分为两个阶段：第一，围压小于5MPa阶段，使用 Mason 模型和修正模型均能有效地将渗吸置换效率与无量纲时间进行较好的拟合，分别是图 4-50（a）中的拟合曲线 1 和图 4-50（b）中的拟合曲线 2；第二，围压大于 5 MPa 阶段，当无量纲时间小于 2000 时，使用 Mason 模型进行拟合则会产生较大误差，图 4-50（a）中虚线区域各数据点发散，难以拟合。然而，使用修正模型进行拟合时，图 4-50（b）中的拟合曲线 3 能较好地将数据点拟合成功。因此，考虑围压影响后，修正的无量纲时间模型是行之有效的。

　　2）不同边界条件下带压渗吸置换效率

带压渗吸多种影响因素中，以边界条件最具代表性，通过将岩心部分表面封闭（或部分开启）后使其与水接触，开展带压渗吸物理模拟，基质块在多样化的边界条件下得到的实验结果逐渐与复杂油藏条件下渗吸规律建立对应关系。结合不同边界条件带压渗吸实验结果，分别应用 Mason 模型和修正模型，绘制不同边界条件下带压渗吸置换效率与无量纲时间关系曲线（图 4-51）。

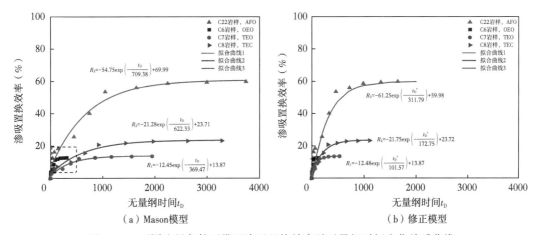

图 4-51　不同边界条件下带压渗吸置换效率随无量纲时间变化关系曲线

可以看出，使用 Mason 自发渗吸模型时，渗吸初期，不同边界条件下实验结果难以拟合［图 4-51（a）］，数据点发散；使用修正模型时，渗吸初期，不同边界下实验结果拟合效果较好。理论上，对于完全饱和油岩心样品，在无限大时间内，不同边界条件渗吸置换效率均能达到一致（100%），但在实验条件下（时间为 25 天），不同边界条件下，当渗吸时间超过 25 天后，渗吸置换效率增长幅度很慢，因此，不同边界条件下渗吸置换效率呈现出高低不同的平稳阶段。实验结果进一步验证了修正模型的可靠性。

4. 带压渗吸置阶段时间计算

根据修正带压渗吸无量纲时间模型，结合致密岩心有效孔隙半径随净压力变化规律及岩心尺度致密岩心带压渗吸实验结果，建立带压渗吸阶段油藏尺度闷井时间计算公式。

首先，根据岩心尺度和油藏尺度无量纲时间相等原则，可以得到：

$$t'_D = \left[Cr(p) \frac{1}{L_C^2} t \right]_{lab} = \left[Cr(p) \frac{1}{L_C^2} t \right]_{field} \tag{4-27}$$

化简后，得到油藏尺度带压渗吸阶段持续时间计算公式：

$$(t_{\text{shut-in}})_{\text{field}} = \frac{C_{\text{lab}}}{C_{\text{field}}} \frac{r_{\text{lab}}}{r_{\text{field}}} \frac{(L_{\text{C}})^2_{\text{field}}}{(L_{\text{C}})^2_{\text{lab}}} (t_{\text{shut-in}})_{\text{lab}} \tag{4-28}$$

式中　$(C)_{\text{lab}}$、C_{field}——分别为室内实验和油藏条件下特征系数，根据流体样品参数（油水界面张力和黏度）计算；

$(L_{\text{C}})_{\text{lab}}$、$(L_{\text{C}})_{\text{field}}$——分别为室内实验和油藏条件下的特征长度，根据室内实验岩心边界条件和油藏尺度基质块边界条件，按照式（4-18）计算；

r_{lab}、r_{field}——分别为室内实验和油藏条件下的孔隙半径，根据室内岩心实验条件下净压力（围压与进出口压力平均值的差值）与油藏条件下净压力（上覆岩层压力与孔隙压力差值），并结合式（4-26）计算；

$(t_{\text{shut-in}})_{\text{lab}}$——带压渗吸实验中，渗吸置换效率由快速上升阶段进入稳定阶段的时间点。

二、渗吸滤失无量纲时间模型

1. 模型推导

对于渗吸滤失阶段，借鉴李等[4]提出的改进 Ma[5] 无量纲时间模型，通过添加驱替压差项后，得到渗吸滤失无量纲时间模型。

$$t_{\text{D}} = t\frac{K_{\text{a}}}{\phi}\frac{1}{L^2_{\text{C}}}(p_{\text{c}} + \Delta p) = t\frac{K_{\text{a}}}{\phi}\frac{1}{L^2_{\text{C}}}\left(\frac{2\sigma\cos\theta}{r} + \Delta p\right) \tag{4-29}$$

式中　t_{D}——无量纲时间；

t——渗吸时间，s；

K_{a}——气测渗透率，mD；

ϕ——岩心孔隙度；

μ_{w}——润湿性黏度，mPa·s；

μ_{o}——非润湿性黏度，mPa·s；

L_{C}——特征长度，cm；

Δp——驱替压差，等于入口压力与出口压力之差，MPa。

联立式（4-24）和式（4-29），可以得到：

$$t_{\text{D}} = t\frac{r^2}{8}\frac{1}{L^2_{\text{C}}}\left(\frac{2\sigma\cos\theta}{r} + \Delta p\right) \tag{4-30}$$

其中，孔隙半径 r 是与净压力 p 相关的函数，可表达为：

$$r = r(p) \tag{4-31}$$

根据致密岩心样品衰减式渗吸滤失物理模拟实验结果可知，入口压力是与渗吸滤失时间相关的分段函数（分别是幂指数函数和线性函数），可以将 Δp 进一步改写成：

$$\Delta p = p_{\text{initial}} - p_{\text{inlet}}(t) = \Delta p(t) \tag{4-32}$$

式中　p_{initial}——初始时刻入口压力，MPa；

$p_{\text{inlet}}(t)$——t 时刻入口压力，MPa。

联立式（4-29）至式（4-32），可以得到渗吸滤失阶段无量纲时间模型：

$$t_{\mathrm{D}} = t\,\frac{r(p)^2}{8}\frac{1}{L_{\mathrm{C}}^2}\left[\frac{2\sigma\cos\theta}{r(p)} + \Delta p(t)\right] \tag{4-33}$$

2. 渗吸滤失阶段时间计算

根据渗吸滤失无量纲时间模型（式4-33），结合致密岩心有效孔隙半径随净压力变化函数（式4-26），以及岩心尺度致密岩心衰竭式渗吸渗吸实验结果，建立渗吸滤失阶段油藏尺度闷井时间计算公式。

首先，根据岩心尺度和油藏尺度无量纲时间相等原则，可以得到：

$$t_{\mathrm{D}} = \left\{t\,\frac{\left[r(p)\right]^2}{8}\frac{1}{L_{\mathrm{C}}^2}\left[\frac{2\sigma\cos\theta}{r(p)} + \Delta p(t)\right]\right\}_{\mathrm{lab}} = \left\{t\,\frac{\left[r(p)\right]^2}{8}\frac{1}{L_{\mathrm{C}}^2}\left[\frac{2\sigma\cos\theta}{r(p)} + \Delta p(t)\right]\right\}_{\mathrm{field}} \tag{4-34}$$

化简后，得到渗吸滤失阶段油藏尺度闷井时间计算公式：

$$(t_{\mathrm{shut-in}})_{\mathrm{field}} = \frac{[r(p)]^2_{\mathrm{lab}}}{[r(p)]^2_{\mathrm{lab}}}\frac{(L_{\mathrm{C}})^2_{\mathrm{field}}}{(L_{\mathrm{C}})^2_{\mathrm{lab}}}\frac{\left[\dfrac{2\sigma\cos\theta}{r(p)} + \Delta p(t)\right]_{\mathrm{lab}}}{\left[\dfrac{2\sigma\cos\theta}{r(p)} + \Delta p(t)\right]_{\mathrm{field}}} \tag{4-35}$$

式中　$[r(p)]_{\mathrm{lab}}$、$[r(p)]_{\mathrm{field}}$——分别为室内实验和油藏条件下的孔隙半径，根据室内岩心实验条件下净压力（围压与进出口压力平均值的差值）与油藏条件下净压力（上覆岩层压力与孔隙压力差值），并结合式（4-26）计算；

　　$(L_{\mathrm{C}})_{\mathrm{lab}}$、$(L_{\mathrm{C}})_{\mathrm{field}}$——分别为室内实验和油藏条件下的特征长度，根据室内实验岩心边界条件和油藏尺度基质块边界条件，按照式（4-18）计算；

　　σ_{lab}、σ_{field}、θ_{lab}、θ_{field}——分别为室内实验和油藏条件下油水界面张力和润湿角；

　　$[\Delta p(t)]_{\mathrm{lab}}$——室内实验条件下岩心衰竭式水驱油实验中，初始时刻入口压力与压力稳定阶段压力的差值；

　　$[\Delta p(t)]_{\mathrm{field}}$——油藏条件下井底压力与带压渗吸阶段初始压力的差值。

由于$[\Delta p(t)]_{\mathrm{field}}$在油藏条件下需要较长时间才能确定，通过实测井底压力确定该参数难以实现，根据岩心尺度与油藏尺度压力递减规律相似准则，可以预测滤失渗吸阶段结束时刻井底压力，步骤如下：

（1）假设井底压力随时间变化满足：

$$p_{\mathrm{wellbore}} = a + be^{\mathrm{ct}} \tag{4-36}$$

式中　p_{wellbore}——井口压力；

　　a、b 和 c——分别为常系数；

　　t——渗吸滤失阶段时间。

（2）求解岩心尺度压力导数随时间变化关系曲线，确定闷井结束时刻的压力导数A_0；

（3）根据油藏尺度和岩心尺度在滤失渗吸阶段结束时刻压力导数相等原则，得到：

$$\frac{\mathrm{d}p_{\text{wellbore}}}{\mathrm{d}t} = bce^{ct} = A_0 \quad\quad\quad (4-37)$$

（4）根据停泵时刻监测到的井底压力与某一时 t_1 刻监测到的井底压力，可以建立：

$$\left(p_{\text{wellbore}}\right)_{t=0} = a \quad\quad\quad (4-38)$$

$$\left(p_{\text{wellbore}}\right)_{t=t_1} = a + be^{ct_1} \quad\quad\quad (4-39)$$

（5）联立方程（4-37）至（4-39），求解常系数 a、b 和 c，结合式（4-34），最终可以确定油藏条件下渗吸滤失阶段持续时间。

第四节 小 结

将闷井过程划分为以滤失作用主导且伴随渗吸作用的压力递减阶段（即渗吸滤失阶段）和以渗吸作用为主导的压力稳定阶段（即带压渗吸阶段）。首先，基于低场核磁共振测试技术，建立致密岩心微米—纳米级孔隙内含油量标定方法；其次，开展带压渗吸实验模拟带压渗吸过程，剖析带压渗吸置换机理，并分析其影响因素；然后，开展衰竭式水驱油实验模拟渗吸滤失过程，确定岩心入口压力递减规律；最后，分别建立带压渗吸和渗吸滤失无量纲时间模型，提出压裂后闷井时间计算方法，得到以下结论：

（1）开展致密岩心带压渗吸物理模拟实验，结合低场核磁测试技术，分析致密岩心样品微米—纳米级孔隙内油相分布规律，对比自发渗吸与带压渗吸置换效率的差异，剖析带压渗吸置换效率大幅提升的原因，优化围压，分析边界条件、初始含水饱和度、层理方向和矿化度等影响因素对致密岩心带压渗吸的影响。

①纳米孔是致密岩心样品主要储集空间，岩心样品纳米孔内含油质量分数 95.94%～98.12%,，其中，纳米微孔、纳米中孔和纳米大孔内含油质量分数分别为 34.04%、40.15% 及 22.75%；

②带压渗吸置换效率相比于自发渗吸置换效率大幅提高，围压由 2.5MPa 增加至 15MPa，渗吸置换效率分别提高 21.36%、37.03%、38.85% 和 40.47%，渗吸置换效率大幅提升的主要原因是强化的渗吸作用和压实作用；

③随围压增加，带压渗吸置换效率分为快速上升阶段和稳定阶段，临界压力为 5MPa；

④分析边界条件、初始含水饱和度、层理方向和矿化度对带压渗吸的影响，体现在以下方面：边界条件主要影响渗吸接触面积，接触面积越大，渗吸置换效率越大；初始含水饱和度越高，渗吸置换效率越低；沿垂直层理方向岩心样品的渗吸置换效率比平行层理方向岩心样品高，但均低于无层理发育的岩心样品；矿化度越高，渗透压差越大，渗吸置换效率越低。

（2）开展衰竭式水驱油实验模拟渗吸滤失过程，以确定衰竭式水驱油过程中岩心入口压力扩散规律为目标。首先，建立恒压水驱油毛细管束模型，优化驱替压差，并开展恒压水驱油物理模拟实验验证理论模型；然后，开展衰竭式水驱物理模拟实验，确定岩心入口压力递减规律。

①基于单毛细管模型建立的恒压水驱油理论模型，假设毛细管半径满足正态分布规

律，并考虑边界层厚度影响，优选驱替压差为 5 MPa；

②恒压水驱油物理模拟实验中，当驱替压差为 5 MPa 时，驱替压差和毛细管压力协同作用发挥最大，对提高驱油效率最有利，且与理论模型计算结果一致；

③根据入口压力随时间变化关系曲线，可将压力递减过程划分为三个阶段，分别是快速递减阶段、过渡阶段和稳定阶段；与之对应的驱油效率也可划分为三个阶段，分别是快速增长阶段、过渡阶段和稳定阶段。

（3）将压后闷井过程划分为渗吸滤失和带压渗吸两个阶段，建立了两组无量纲时间模型，结合致密岩心样品带压渗吸和衰竭式水驱油实验结果，提出了致密油藏压裂后闷井时间计算方法。

①闷井时间等于渗吸滤失阶段持续时间（带压渗吸置换效率达到最大时对应的时间）与带压渗吸阶段持续时间（渗吸滤失阶段压力传播进入稳定阶段时对应的时间）之和；

②致密岩心样品中存在气体滑脱效应和应力敏感特征，按照 Klingkenberg 实验步骤，确定克氏渗透率和气体滑脱因子，在此基础上，建立了有效孔隙半径随净压力变化关系式；

③带压渗吸阶段无量纲时间模型在 Mason 自发渗吸无因次时间模型基础上，引入 Leverett 毛细管束模型，结合致密岩心孔隙半径随净压力变化规律而建立；渗吸滤失阶段无量纲时间模型在 Ma 自发渗吸无量纲时间模型基础上，通过添加驱替压差项，结合致密岩心孔隙半径随净压力变化规律而建立。

参 考 文 献

［1］Washburn E W. The Dynamics of Capillary Flow ［J］. Physical Review，1921，17（3）：273-283.

［2］Klinkenberg L J. The Permeability of Porous Media To Liquids And Gases ［C］. Drilling and Production Practice，1941.

［3］Mason G，Fischer H，Morrow N R，et al. Correlation for the Effect of Fluid Viscosities on Counter-current Spontaneous Imbibition ［J］. Journal of Petroleum Science and Engineering，2010，72（1-2）：195-205.

［4］李帅，丁云宏，孟迪，等 . 考虑渗吸和驱替的致密油藏体积改造实验及多尺度模拟 ［J］. 石油钻采工艺，2016，38（5）：678-683.

［5］Shouxiang M，Morrow N R，Zhang X. Generalized Scaling of Spontaneous Imbibition Data for Strongly Water-wet Systems ［J］. Journal of Petroleum Science and Engineering，1997，18：165-178.

第五章 带压渗吸对残余油饱和度影响

目前，致密砂岩岩心相对渗透率模型在应用过程中默认保持不变，事实上由于渗吸置换作用的影响，致密油储层油水相对渗透率是动态变化的，现有的研究忽视了渗吸作用对相对渗透率规律的影响。为了深入解释渗吸置换作用提高采收率内在机理，急需开展考虑渗吸作用的相对渗透率规律研究。残余油饱和度的变化是引起相对渗透率规律发生变化的重要原因。因此，本章采用核磁共振技术，系统地研究了带压渗吸作用对残余油饱和度的影响，揭示了致密油渗吸提采的重要原因及其内在机理，为构建压裂后闷井过程中的动态相对渗透率模型奠定了基础。

第一节 实验样品及实验装置

一、实验样品

本次实验所需的岩心分为四种，除了长 6 段 Y284 区块的致密岩心外，按照渗透率的不同选取了三种不同渗透率的砂岩岩心（见第二章第二节所示）。6 组岩心除渗透率不同外，其余物性接近，进而可以排除其他干扰因素的影响。

本次实验所用的离心流体为高密度模拟氟油和 2%（质量分数）KCl 溶液，流体性质见表 5-1。因为氟油在核磁共振测试中无法检测其信号，因此核磁共振所检测的流体信号均为 KCl 水溶液。因此，可以通过定量化表征 KCl 水溶液来表征岩心中的高密度模拟氟油和 KCl 水溶液的流体分布。

表 5-1 实验流体性质

流体类型	密度（g/cm³）	黏度（mPa·s）	界面张力（mN/m）
氟化模拟油（FC-40）	1.85	3.40	26.82
KCl 水溶液	1.11	1.23	72.75

二、实验装置

1. 核磁共振仪

选用牛津公司生产的 Geospec2 型核磁共振成像分析仪。主要参数为：NMR 测量使用 Carr-Purcell-Meiboom-Gill（CPMG）脉冲序列，用 GeoSpec2 核磁共振分析仪（频率为 2MHz）进行 NMR T_2 谱测试。主要测试参数包括主频（21.326MHz），回波间隔（T_E，0.2ms），极化时间（T_W，3000ms）和回波数（NECH，8000）。

2. 超级离心机

选用Beckman公司生产的Optim XPN型超速离心机。主要参数为最高转速20000r/min，真空条件绝热。

3. A&D精密天平GF-1000

选用日本艾安得有限公司生产的，主要参数包括最大称量1100g、精度0.001g。

第二节 实 验 方 法

致密油储层带压渗吸实验方案见表5-2，分为两组，第一组实验使用3块长6组Y284井区致密砂岩岩心进行不同附加压力条件下的渗吸实验，观察不同实验压力下其对残余油饱和度的影响。第二组实验考虑不同渗透率储层在同一压力条件下，渗吸作用对残余油饱和度的影响。

表5-2 致密油储层带压渗吸实验方案

类型	样品	长度 （cm）	气测渗透率 （mD）	氦气孔隙度 （%）	附加压力 （MPa）
致密砂岩	A11	2.83	0.068	10.54	0
	A12	2.86	0.057	9.71	5
	A13	2.87	0.089	12.53	10
中高渗透率砂岩	A21	2.91	0.85	12.5	5
	A22	2.84	18.49	16.3	5
	A23	2.82	126.58	16.8	5

具体实验步骤如下：

（1）将岩心加工为长3.7cm、直径2.5cm左右的柱塞，洗油、烘干；

（2）选取经过洗油和烘干处理的岩心样品，称重；使用抽真空加压饱和装置进行处理，抽真空48小时，在20MPa压力下使用2%（质量分数）KCl溶液饱和5天；

（3）再次称重后，进行低场核磁测试；获取饱和水后的T_2图谱；

（4）将岩心样品放入Beckman超级离心机中，进行水驱油离心测试，构建束缚水饱和度，称重并进行低场核磁测试，转速范围在2000~20000r/min，转速增幅初期为1000r/min/次，后期可酌情增大转速增幅，直至每次转速测试后的核磁T_2谱不再发生明显变化，为保证实验准确性，离心时间为24小时；

（5）构建束缚水饱和度后，再次将岩样放入Beckman超级离心机中，进行油驱水测试，构建残余油饱和度，实验步骤同步骤（4）；

（6）构建完残余油饱和度后，进行带压渗吸实验，具体步骤如下：

①低场核磁共振分析仪测试岩心样品初始状态T_2谱；

②岩心样品与100mL 2%KCl氛水溶液置于活塞式中间容器（图4-2），打开中间容器

上游和下游的阀门；

③开启活塞式中间容器的上游和下游的二通阀，然后通过 ISCO 高压高精度柱塞泵以 10mL/min 的恒定流速向中间容器底部持续注入蒸馏水，直到上游的二通阀出液，关闭上游的二通阀；

④ISCO 高压高精度柱塞泵切换至恒压工作模式，保持五个活塞式中间容器内压力分别为 0MPa、5MPa、10MPa；

⑤在设定的时刻取出岩心样品，使用棉纱擦干岩心表面后，测定岩心样品 T_2 谱；

⑥重复步骤②~⑤，持续测定 25 天，直到实验结束；

⑦将不同时间下测定的 T_2 谱累积信号幅值与煤油质量进行换算，按式（5-1）计算渗吸置换效率。

$$R_{oil} = \frac{m_0 - m_i}{m_0} \times 100\% \qquad (5-1)$$

式中　R_{oil}——渗吸置换效率；

　　　m_0——在带压自发渗吸实验前岩心样品孔隙内煤油质量；

　　　m_i——在带压自发渗吸实验过程中，第 i 次测定的岩心样品孔隙内煤油质量。

第三节　实验结果

一、孔径分布特征

由第二章第二节高压压汞测试结果可知，致密油孔径主要分布在 1~1000nm 之间，少量孔径大于 1000nm。核磁共振所测试的 T_2 谱同样能反映岩样的孔喉特征，孔径与 T_2 值之间存在一定的对应关系。一般而言，T_2 值越大，表明孔径越大。为方便区分孔隙类型，可将孔径分布按 T_2 值大小分为以下区间：小于 0.1ms、0.1~1ms、1~10ms、10~100ms、100~1000ms 及大于 1000ms，如图 5-1 所示。

根据所测 100% 饱和 KCl 溶液的 T_2 谱，可进一步确定不同孔隙尺寸内的流体分布规律，从而可将其作为基础，比较后续束缚水流体分布及残余油流体分布特征。所测各岩心的流体分布如图 5-2 所示。

由图 5-2 可知，致密岩心 A11、A12、A13 中，质量分数为 70.47%、71.69、76.56% 的流体分布在 $10ms \leqslant T_2 \leqslant 1000ms$ 的孔隙空间内，而对于中高渗透率砂岩岩心 A21、A22、A23，质量分数为 90.47%、95.09、85.29% 的流体分布在 $10ms \leqslant T_2 \leqslant 1000ms$ 的孔隙空间内。由第二章第二节高压压汞测试可知，较大孔隙对渗透率贡献更高，因此，低场核磁测试结果与高压压汞测试结果体现了一致性。此外，孔隙空间在 $1ms \leqslant T_2 \leqslant 10ms$ 的范围内，致密砂岩的水相分布更高，质量分数约 21% 的水相分布在 $1ms \leqslant T_2 \leqslant 10ms$ 的孔隙空间内；在 $0.1ms \leqslant T_2 \leqslant 1ms$ 的孔隙空间内，中—高渗透率砂岩几乎没有水相流体分布，致密砂岩中，仍旧含有质量分数约 5% 的水相流体。

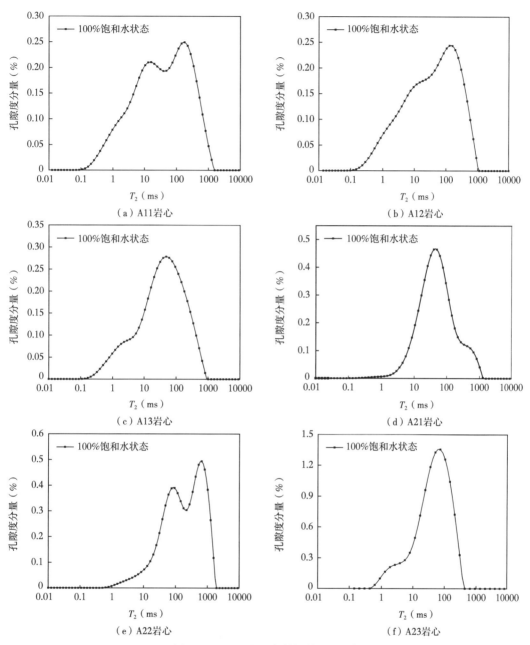

图 5-1 100%饱和水低场核磁 T_2 谱

二、束缚水流体分布特征

离心力计算公式见式（5-2）[1-3]

$$F = 0.05656\Delta\rho n^2 H(r_e - H/4) \times 10^{-8} \tag{5-2}$$

式中 F——离心力，MPa；

ρ——两种驱替流体密度差，g/cm³；

H——岩心长度，cm；

r_e——离心半径，cm；

n——转速，r/min。

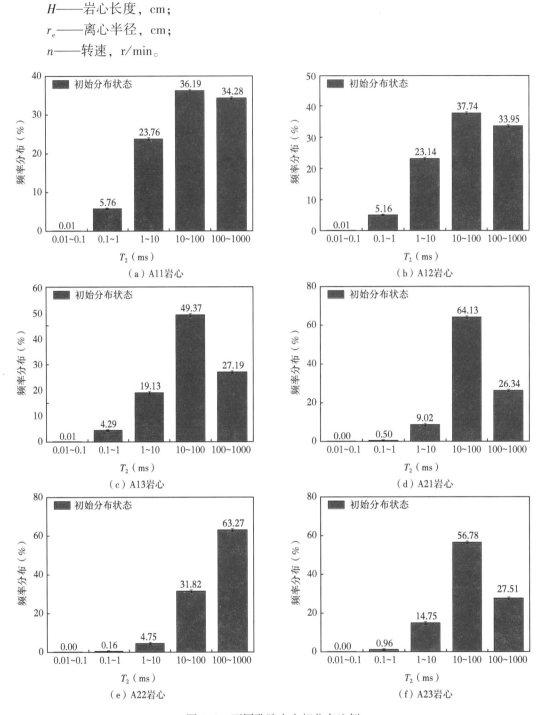

图 5-2　不同孔隙内水相分布比例

由于所用的高密度模拟油其密度可达 1.84g/cm³，与 KCl 水溶液的密度差可以达到 0.8g/cm³，是常规油水密度差的 4 倍以上，因此在同一转速下，由公式（5-2）可知，其离心力为常规油水离心实验的 4 倍以上。岩心 A11、A12、A13 与 A21、A22、A23 的离心曲线如图 5-3、图 5-4 所示。

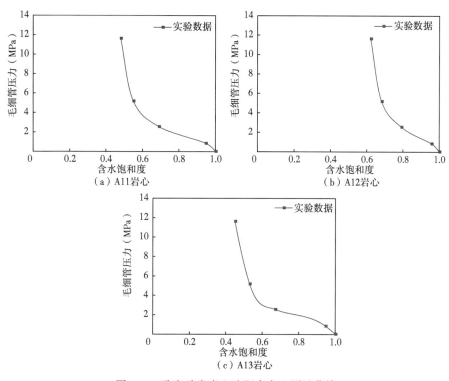

图 5-3 致密砂岩岩心油驱水离心测试曲线

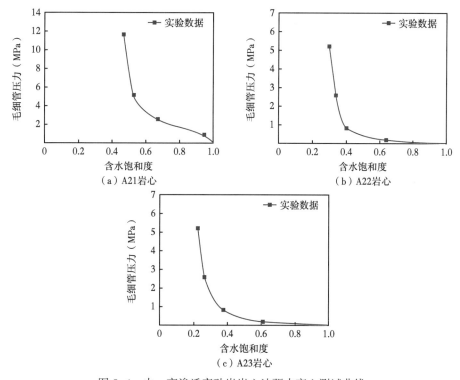

图 5-4 中—高渗透率砂岩岩心油驱水离心测试曲线

可以看出，致密砂岩和中—高渗透率砂岩离心测试曲线有着较大的区别，对致密砂岩而言，由于其渗透率较低，孔隙结构较为复杂，较小的离心力并不能起到较好的离心效果，在第一个离心转速下，水相饱和度变化并不明显，随着离心转速的不断增加，致密砂岩岩心内部水相饱和度开始不断降低，离心曲线平缓段斜率较陡在转速达到 15000r/min 后、离心力高达 11.47MPa 的条件下，A11、A12、A13 最终的含水饱和度变化分别为53.32%、39.48% 及 54.72%。而中—高渗透率砂岩的离心曲线平缓段更长，所需离心力更小，斜率更小，表明中—高渗透率砂岩孔隙结构较好，A22 在第一个离心转速下（1000r/min），就有大量的水相流体被离心出来（37%），并且在离心力不到 1MPa 的条件下，60% 左右的水相流体被油相所替代（A22、A23）最终在 10000r/min 的转速下，就可以使中—高渗透率砂岩岩心达到束缚水状态。

1. 致密砂岩岩心束缚水流体分布特征

致密砂岩岩心 A11、A12、A13 束缚水分布特征如图 5-5 所示，其中黑线代表 100% 饱和水核磁测试状态，蓝线代表油驱水离心后，束缚水核磁测试状态。可以看出，大量的可动流体分布在 $100\text{ms} \leq T_2 \leq 1000\text{ms}$ 的孔隙空间范围内。对于致密砂岩岩心，离心法并不能完全将 $100\text{ms} \leq T_2 \leq 1000\text{ms}$ 的孔隙空间内的流体驱出，仍旧有大量的 KCl 溶液滞留在较大的孔隙中成为束缚水。并且在 $0.1\text{ms} \leq T_2 \leq 10\text{ms}$ 的孔隙空间范围内，水相的体积并没有发生明显变化，即离心力在高达 11.47MPa 下也无法将 $0.1\text{ms} \leq T_2 \leq 10\text{ms}$ 孔隙空间内的水动用。因此，可以将 $0.1\text{ms} \leq T_2 \leq 10\text{ms}$ 孔隙空间内的水相流体视为束缚水。

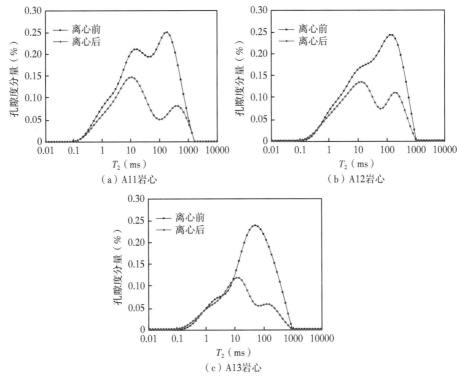

图 5-5　致密砂岩岩心束缚水状态下低场核磁 T_2 谱

　　致密砂岩各孔隙空间内束缚水分布如图 5-6 所示。可以看出，在 $100ms \leqslant T_2 \leqslant 1000ms$ 的孔隙空间范围内，A11、A12、A13 的致密砂岩岩心中水相质量分数分别降低了 22.78%、18.98% 及 20.07%；在 $10ms \leqslant T_2 \leqslant 100ms$ 的孔隙空间范围内，A11、A12、A13 的致密砂岩岩心中水相质量分数分别降低了 23.71%、16.43% 及 32.07%；在 $0.1ms \leqslant T_2 \leqslant 10ms$ 的孔隙空间范围内，A11、A12、A13 的致密砂岩岩心中水相质量分数分别降低了 5.79%、3.81% 及 2.37%。最终，A11、A12、A13 致密砂岩岩心中束缚水饱和度分别为 48.43%、60.52% 和 45.28%。

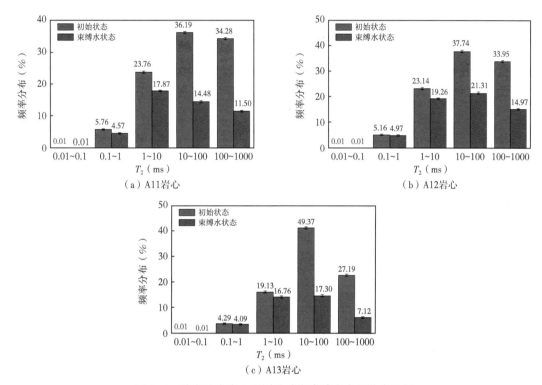

图 5-6　致密砂岩岩心不同孔隙内束缚水水相分布比例

2. 中—高渗透率砂岩岩心束缚水流体分布特征

　　中—高渗透率砂岩岩心 A21、A22、A23 束缚水分布特征如图 5-7 所示，离心后中—高渗透率砂岩核磁共振测井 T_2 谱图与致密砂岩岩心相比存在着较大不同。可以看出，分布在 $100ms \leqslant T_2 \leqslant 1000ms$ 的孔隙空间范围内可动流体基本可以被完全驱出，而分布在 $10ms \leqslant T_2 \leqslant 100ms$ 孔隙空间的流体仍可以被离心动用。与致密砂岩类似，在 $1ms \leqslant T_2 \leqslant 10ms$ 孔隙空间的流体基本无法动用。因此，中高渗透率砂岩的束缚水少量分布在 $1ms \leqslant T_2 \leqslant 100ms$ 孔隙空间内。

　　中—高渗透率砂岩各孔隙空间内束缚水分布如图 5-8 所示。可以看出，随着渗透率的增加，中—高渗透率砂岩 A21、A22、A23 在 $100ms \leqslant T_2 \leqslant 1000ms$ 的孔隙空间范围内，水相质量分数分别降低了 24.45%、59.81% 及 26.74%；在 $100ms \leqslant T_2 \leqslant 1000ms$ 的孔隙空间范围内，A21、A22、A23 中—高渗透率砂岩分别降低了 26.94%、8.55% 及 49.40%；在 $0.1ms \leqslant T_2 \leqslant 10ms$ 的孔隙空间范围内，由于这部分水相质量分数较小，因此经过离心作用

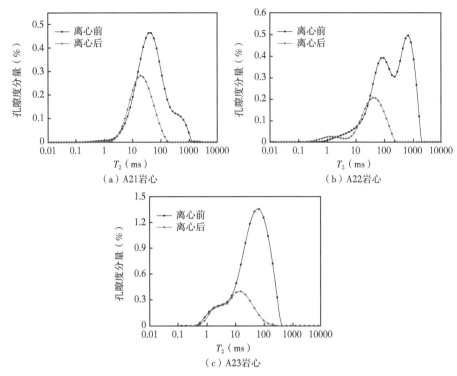

图 5-7　中高渗透率砂岩岩心束缚水状态下低场核磁 T_2 谱

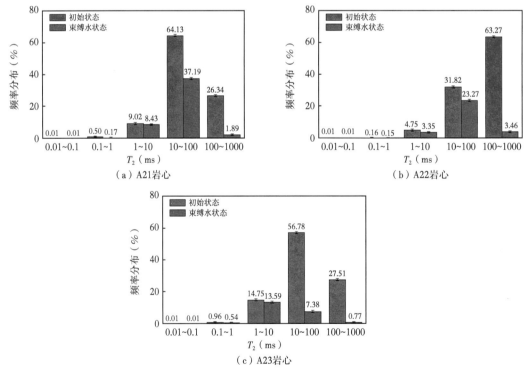

图 5-8　中—高渗透率砂岩岩心不同孔隙内束缚水水相分布比例

后无明显变化。总体而言，离心作用在 $10\text{ms} \leqslant T_2 \leqslant 1000\text{ms}$ 的孔隙空间范围内，渗透率越大，孔隙连通性越好，离心效果越明显。最终，A21、A22、A23 岩心的束缚水饱和度分别为 46.68%、30.24% 及 22.29%。与中—高渗透率砂岩相比，致密砂岩岩心的束缚水饱和度更高，因此在相对渗透率曲线上，其两相流动饱和度区间更小，流动能力更差，这也是致密油藏产能低的主要原因之一。

三、残余油流体分布特征

当构建束缚水饱和度后，需构建残余油饱和度从而为后续工作奠定研究基础。构建残余油饱和度涉及水驱油过程，其水驱油离心曲线如图 5-9、图 5-10 所示。可以看出，致密砂岩岩心在构建残余油的离心过程中，离心曲线中并没有出现曲线平缓段，离心曲线呈上升趋势，曲线斜率高。在最高转速为 18000r/min 的条件下，离心力为 7.62MPa，A11、A12、A13 的油相饱和度变化分别为 22.90%、18.16% 及 20.09%。而中—高渗透率砂岩岩心经离心后，其油相饱和度变化区间明显高于致密砂岩岩心（A21、A22、A23 油相饱和度变化分别为 29.32%、49.03% 及 59.48%）。此外，随着中—高渗透率砂岩岩心渗透率的增加，其离心曲线的平缓段长度逐渐增加，A22、A23 在第一次 1000r/min 的离心转速下（离心力为 0.023MPa）就可使含油饱和度发生较大的变化，并最终在 8000r/min 的转速下（离心力为 2.35MPa）使岩心达到残余油饱和度。

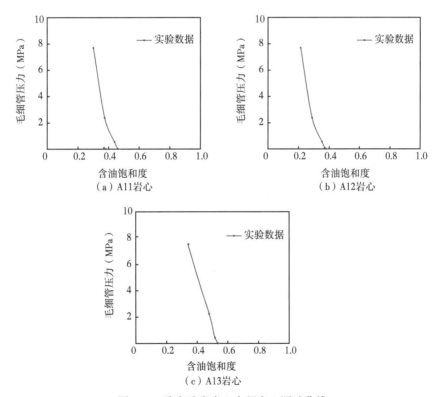

图 5-9　致密砂岩岩心水驱离心测试曲线

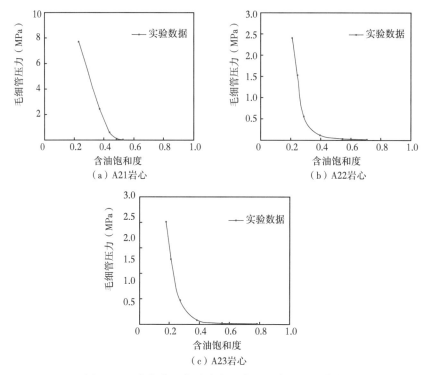

图 5-10　中高渗透率砂岩岩心水驱油离心测试曲线

1. 致密砂岩岩心残余油流体分布特征

逐次增加转速至 18000r/min 后，致密砂岩 T_2 谱图不再发生明显变化，其离心力大小为 7.62MPa。三组致密砂岩岩心通过离心后，各岩心残余油饱和度条件下 T_2 谱如图 5-11 所示。可以看出，在较小的转速条件下（2000r/min），即在较小的离心力下（0.09MPa），致密砂岩岩心 A11、A12、A13 的含水饱和度变化并不明显，致使 T_2 谱图的变化并不明显，直至离心转速增加到 5000r/min，离心力达到 0.54MPa 时，才有相当一部分的油被驱替出来，此时 T_2 谱图也发生了较为明显的变化，说明致密砂岩岩心由于其低孔隙度、低渗透率的特征，存在启动压力梯度，因此离心力必须要超过某一临界值，水相流体才能被动用。当离心转速增加到 18000r/min 时，离心力达到 7.62MPa，致密砂岩岩心 T_2 谱不再发生明显变化，此时可视为可动油被完全驱出。残余油饱和度构建完成。

各孔隙尺寸范围内的水相流体分布如图 5-12 所示。可以看出，在 $100\text{ms} \leqslant T_2 \leqslant 1000\text{ms}$ 的范围内，致密砂岩岩心 A11、A12、A13 的致密砂岩岩心中水相质量分数分别增加了 14.07%、10.34% 及 12.08%；在 $10\text{ms} \leqslant T_2 \leqslant 100\text{ms}$ 的孔隙空间范围内，A11、A12、A13 的致密砂岩岩心中水相质量分数分别增加了 7.69%、6.47% 及 6.72%；在 $0.1\text{ms} \leqslant T_2 \leqslant 10\text{ms}$ 的孔隙空间范围内，A11、A12、A13 的致密砂岩岩心中水相质量分数分别增加了 0.65%、1.23% 及 1.17%。从不同孔隙尺寸的水相质量分数变化来看，在致密砂岩岩心中由于毛细管压力和润湿性作用，使得水相饱和度无法恢复至初始状态，这部分孔隙空间被油相占据，从而成为残余油状态。A11、A12、A13 致密砂岩岩心最终的残余油饱和度为 28.68%、21.33% 及 34.6%。

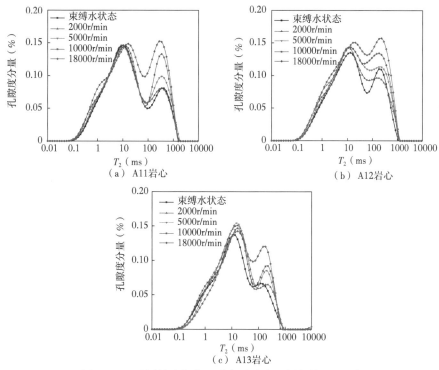

图 5-11　不同转速条件下致密砂岩岩心低场核磁 T_2 谱

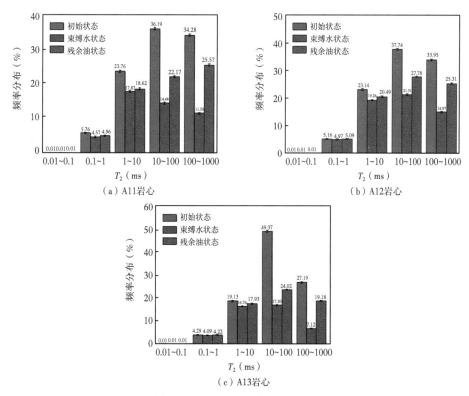

图 5-12　致密砂岩岩心不同孔隙内残余油水相分布比例

2. 中—高渗透率砂岩岩心残余油流体分布特征

对于中—高渗透率砂岩岩心而言，如图5-13所示，在2000r/min的转速条件下，A22及A23岩心内的含水饱和度即可发生明显变化，大量的水相流体在初期被排出，T_2谱图变化明显。随着转速的不断增加，T_2谱图变化的幅度和范围也越来越小，最终在转速为8000r/min的条件下，中—高渗透率砂岩岩心的T_2谱图不再发生明显变化。总体上看，可动水的流动孔隙空间范围仍以100ms≤T_2≤1000ms为主，说明100ms≤T_2≤1000ms的孔隙空间是主要的流动区域。

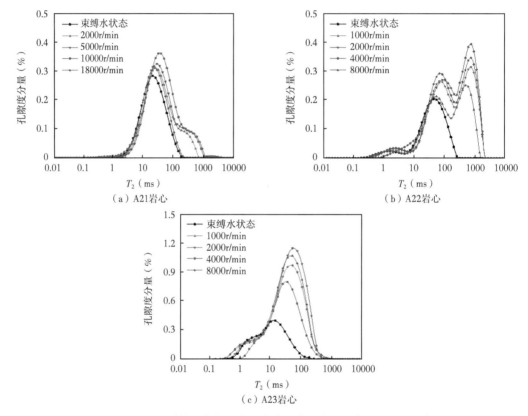

（a）A21岩心　　　　　　　　（b）A22岩心

（c）A23岩心

图5-13　不同转速条件下中—高渗透率砂岩岩心低场核磁T_2谱

各孔隙范围内的含水饱和度变化如图5-14所示。可以看出，在100ms≤T_2≤1000ms的孔隙空间范围内，中—高渗透率砂岩A21、A22、A23随着渗透率的增加，这部分孔隙空间内的水相质量分数增加得更为明显，分别可以达到14.86%、45.49%及16.25%；在10ms≤T_2≤100ms的孔隙空间范围内，A21、A22、A23中—高渗透率砂岩水相质量分数分别增加了14.03%、2.29%及40.83%；在0.1ms≤T_2≤10ms的孔隙空间范围内，中—高渗透率砂岩中这部分水相质量分数无明显变化。对于中—高渗透率砂岩，其孔隙结构简单、孔隙半径大、毛细管压力作用弱，因此随着渗透率的增加，油相更容易被排出，所以残余油饱和度较低。综上，A21、A22、A23中—高渗透率砂岩岩心最终的残余油饱和度为24.01%、21.73%及18.23%。

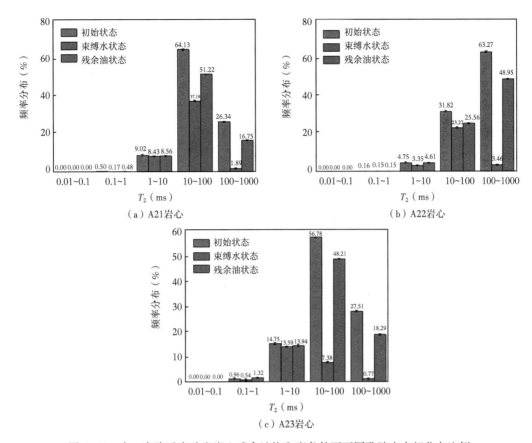

图 5-14 中—高渗透率砂岩岩心残余油饱和度条件下不同孔隙内水相分布比例

四、带压渗吸作用对残余油饱和度影响

各岩心的流体分布特征可由图 5-15 及图 5-16 表示。可以看出，蓝色部分代表束缚水饱和度分布，红色部分代表可动流体饱和度分布，黑色部分代表残余油饱和度分布。致密砂岩岩心 A11、A12、A13 的两相可动流体的饱和度分别为 22.90%、18.16% 及 20.09%，明显小于中—高渗透率砂岩岩心的可动流体饱和度（A21、A22、A23 两相可动流体饱和度分别为 29.32%、49.03% 及 59.48%）。

作为水湿性岩心，渗吸作用体现的是在毛细管压力、渗透压及化学势等作用使得岩心发生油水置换现象，从而提高油藏采收率。现有的研究一般以 100% 油饱和的岩心作为实验基础，忽视了水相的存在对渗吸作用的影响，并且无法区分渗吸作用对可动油及不可动油的贡献以及区别。因此，渗吸提采理论的根本机理及科学问题仍需要探索和研究。本小节内容主要以研究附加压力存在的条件下，渗吸作用对残余油饱和度的影响，从而更深一步完善渗吸提采理论及方法。

1. 带压渗吸作用对致密砂岩岩心残余油饱和度的影响

致密砂岩岩心 A11 在自发渗吸条件下进行，A12 在附加压力为 5MPa 的条件下进行，A13 在附加压力为 10MPa 的条件下进行，A11、A12、A13 随时间变化的残余油的饱和度

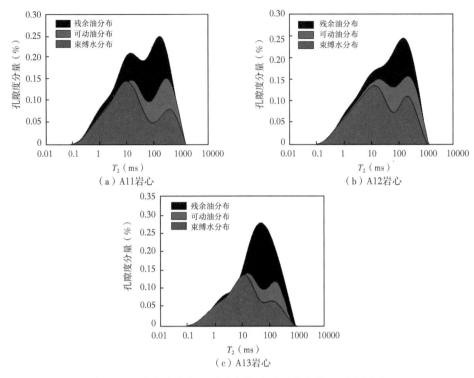

图 5-15　致密砂岩岩心可动流体及不可动流体 T_2 谱图分布

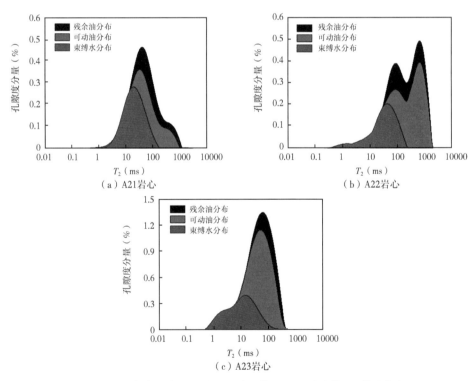

图 5-16　中高渗透率砂岩岩心可动流体及不可动流体 T_2 谱图分布

T_2 谱如图 5-17 所示。可以看出，在渗吸条件下，不论是自发渗吸还是带压渗吸，渗吸作用均可使残余油饱和度发生明显变化，残余油在 $0.1\text{ms} \leqslant T_2 \leqslant 1000\text{ms}$ 的孔隙空间内均有分布，但是由于大量的残余油分布在了 $100\text{ms} \leqslant T_2 \leqslant 1000\text{ms}$ 的孔隙空间内，因此带压渗吸所发生的油水置换作用主要以 $100\text{ms} \leqslant T_2 \leqslant 1000\text{ms}$ 的孔隙空间为主，较小的孔喉（$0.1\text{ms} \leqslant T_2 \leqslant 100\text{ms}$）油水置换作用并不明显。

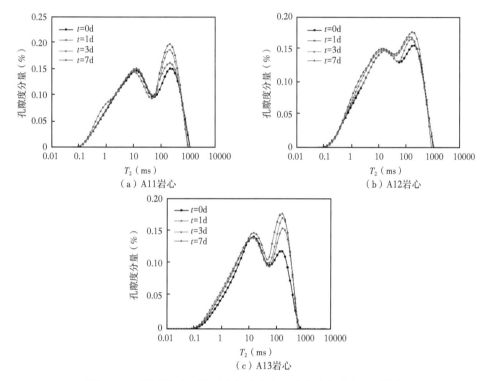

图 5-17　带压渗吸条件下致密砂岩岩心残余油饱和度 T_2 谱图

各孔隙空间的油水置换比例如图 5-18 所示。可以看出，带压渗吸作用发生在 25 天后，在 $100\text{ms} \leqslant T_2 \leqslant 1000\text{ms}$ 的孔隙空间范围内，致密砂岩岩心 A11、A12、A13 的水相饱和度分别增加了 3.27%、3.77% 及 4.74%；即意味此部分孔隙空间内的残余油饱和度降低了 3.27%、3.77% 及 4.74%；在 $10\text{ms} \leqslant T_2 \leqslant 100\text{ms}$ 的孔隙空间范围内，A11、A12、A13 的水相饱和度分别增加了 1.1%、1.81% 及 2.33%；均表现出了随附加压力的增加而增加的一致性；而在 $1\text{ms} \leqslant T_2 \leqslant 10\text{ms}$ 的孔隙空间范围内，A11 的水相饱和度仅仅增加了 0.11%，A12 的水相饱和度增加了 0.73%，A13 的水相饱和度增加了 0.49%；并没有表现出随附加压力增加而增加的一致性。最终，A11、A12、A13 的残余油饱和度分别降低了 4.55%、7.07% 及 7.57%。

2. 带压渗吸作用对中—高渗透率砂岩岩心残余油饱和度的影响

由于中—高渗透率砂岩岩心 A21、A22、A23 的渗透率各不相同，基于控制变量的原则，此三组岩心的附加压力均控制在 5MPa，观察渗透率作用对残余油饱和度的影响。实验结果如图 5-19 所示。可以看出，随着渗透率的增加，带压渗吸对残余油饱和度的影响逐渐减弱，渗吸作用导致的油水置换作用主要发生的孔隙空间范围仍以 $100\text{ms} \leqslant T_2 \leqslant$

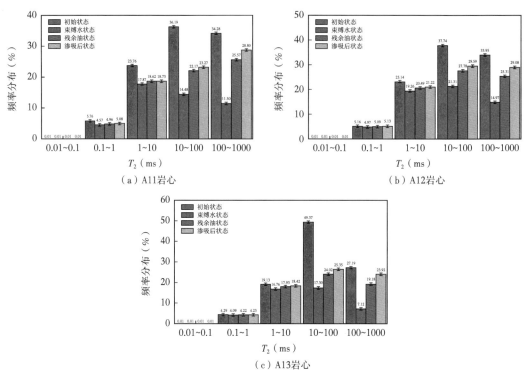

图 5-18　致密砂岩岩心渗吸作用后不同孔隙内水相分布比例

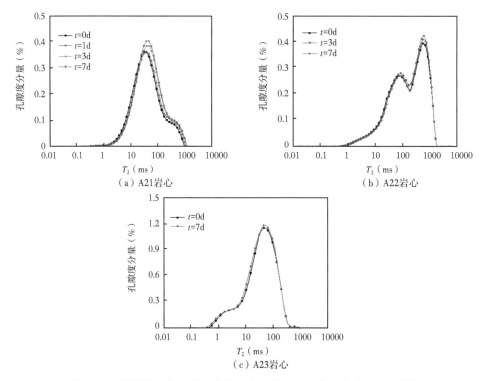

图 5-19　带压渗吸条件下中高渗透率砂岩岩心残余油饱和度 T_2 谱图

1000ms 为主。对于渗透率高达 126.58mD 的中—高渗透率砂岩岩心，其残余油饱和度没有发生明显变化。

各孔隙空间的残余油饱和度变化如图 5-20 所示。可以看出，带压渗吸作用发生 25 天后，在 $100\text{ms} \leqslant T_2 \leqslant 1000\text{ms}$ 的孔隙空间范围内，中高渗透率砂岩岩心 A21、A22、A23 的水相饱和度分别增加了 2.30%、1.07% 及 0.72%；在 $10\text{ms} \leqslant T_2 \leqslant 100\text{ms}$ 的孔隙空间范围内，A21、A22、A23 的水相饱和度分别增加了 0.91%、0.77% 及 0.15%；均表现出了随附加压力的增加而增加的一致性；而在 $1\text{ms} \leqslant T_2 \leqslant 10\text{ms}$ 的孔隙空间范围内，A21 的水相饱和度仅增加了 0.19%，A12 的水相饱和度增加了 0.14%，A23 的水相饱和度没发生明显变化。最终，A21、A22、A23 的残余油饱和度分别降低了 3.42%、1.98% 及 0.66%。

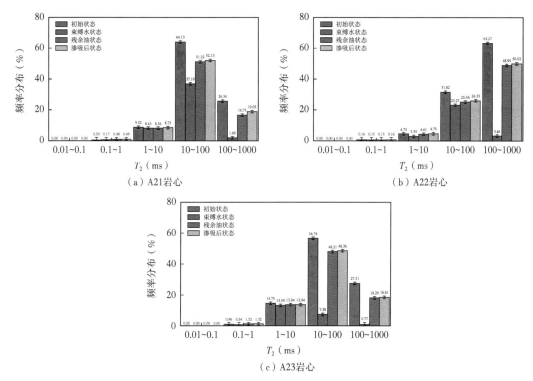

图 5-20　中—高渗透率砂岩岩心渗吸作用后不同孔隙内水相分布比例

第四节　结果讨论

一、孔径分布特征规律对比

致密砂岩其孔径特征分布与中—高渗透率砂岩分布特征具有明显的差别。首先，从孔径分布上来看，虽然二者在 $0.1\text{ms} \leqslant T_2 \leqslant 1000\text{ms}$ 的孔隙空间内均有分布，并且呈连续性变化。但是在 $0.1\text{ms} \leqslant T_2 \leqslant 1\text{ms}$ 及 $100\text{ms} \leqslant T_2 \leqslant 1000\text{ms}$ 的孔隙空间分量具有明显差别。选取特征致密砂岩 A12 及 A22 进行对比，如图 5-21 所示。可以看出，致密砂岩岩心在 $0.1\text{ms} \leqslant T_2 \leqslant 10\text{ms}$ 孔隙空间内的分布约占 30%，而中—高渗透率砂岩岩心在这部分孔隙尺寸的分布只占 5% 左右；此外，中—高渗透率砂岩在 $100\text{ms} \leqslant T_2 \leqslant 1000\text{ms}$ 的孔隙空间内分布占比（63.27%）远高于致密砂岩（33.95%）。因此，致密砂岩复杂的孔隙结构及孔径分布是导致其低孔隙度、低渗透率的重要原因。

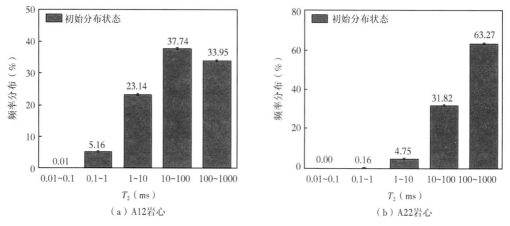

（a）A12岩心 　　　　　　　　　　　（b）A22岩心

图 5-21　致密砂岩岩心 A12 及中—高渗透率砂岩岩心 A22 孔径分布比例

二、束缚水流体分布规律对比

100%饱和 KCl 溶液的致密砂岩在 $100ms \leqslant T_2 \leqslant 1000ms$ 孔隙空间范围内的孔隙占比仅在 33.95%，而渗透率高达 18.49mD 的中—高渗透率砂岩这部分的孔隙占比 63.27%。但是，致密砂岩 A12 的离心力在 11.47MPa 的条件下离心 24 小时，仅仅只能将孔隙占比 18.98%的水离心出来，而中—高渗透率砂岩 A22 在离心力为 3.26MPa 的条件下却能将孔隙占比 59.81%的水离心出来（图 5-22）。因此，致密砂岩这种复杂的孔隙结构导致其束缚水饱和度高，可动流体空间小，开发难度大。

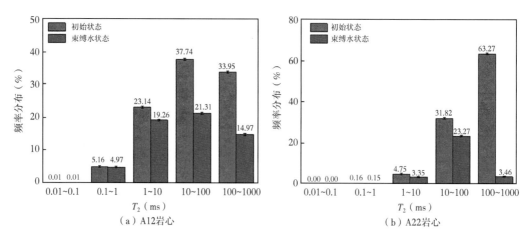

（a）A12岩心 　　　　　　　　　　　（b）A22岩心

图 5-22　致密砂岩岩心 A12 及中—高渗透率砂岩岩心 A22 束缚水分布比例

三、残余油流体分布规律对比

构建束缚水饱和度后，再构建残余油饱和度。致密砂岩在构建残余油饱和度过程中，所需离心力更大，而中—高渗透率砂岩仅需要较小的离心力就可以达到较好的离心效果。

致密砂岩岩心 A12 及 A22 对比结果如图 5-23 所示。可以看出，致密砂岩岩心 A12 残余油分布主要在 10ms≤T_2≤1000ms 孔隙空间之间，在水驱油的离心过程中，分布在 10ms≤T_2≤1000ms 孔隙空间的油相驱替效果远不如中—高渗透率砂岩岩心 A22。经过离心后，中—高渗透率砂岩 A22 在 10ms≤T_2≤1000ms 孔隙空间的水相分布可以达到 48.95%，略低于100%饱和水状态下的 63.27%，仅有 14.32% 的油相未被驱出，滞留成为残余油。致密砂岩岩心 A12 这部分孔隙空间内的水相饱和度从 14.97% 增加到 25.31%，与 100% 饱和水状态下相比（33.95%），此孔隙空间内的残余油饱和度为 8.64%。而在 10ms≤T_2≤100ms 孔隙空间的残余油分布可以达到 9.99%。表明致密砂岩岩心中的残余油分布复杂，残余油饱和度高。可知，致密砂岩岩心流体分布呈现"双高"特征，即高束缚水饱和度与高残余油饱和度，可动流体分布空间小。

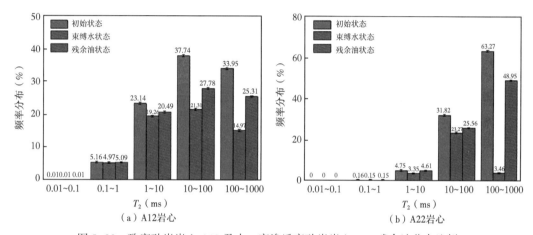

图 5-23　致密砂岩岩心 A12 及中—高渗透率砂岩岩心 A22 残余油分布比例

四、带压渗吸作用对残余油饱和度的影响

1. 致密砂岩与中—高渗透率砂岩带压渗吸作用结果对比

常规带压渗吸实验，一般以 100% 饱和油的岩心为实验样品，通过体积法或者称重法测量渗吸过程中岩样中油相的体积，从而计算渗吸提采的效率。但是实际上，真实油藏条件下，渗吸发生在油水两相的条件下，现有的研究成果认为渗吸作用导致油水置换是闷井渗吸提采的原因。而本章节在前人工作的基础上更进一步地阐明了在考虑附加压力的基础上，渗吸作用导致残余油饱和度降低是致密油储层渗吸提采的重要原因及内在机理。

图 5-24、图 5-25 为渗吸结束后，带压渗吸作用所导致的核磁 T_2 变化谱。可以看出，蓝色部分代表束缚水的 T_2 图谱分布，红色部分代表可动油的 T_2 图谱分布，绿色部分代表渗吸作用导致的 T_2 图谱变化（残余油减小的 T_2 区间），黑色部分代表渗吸作用后残余油。可以观察到，致密砂岩岩心 A11、A12、A13 受渗吸作用的影响明显高于中—高渗透率砂岩，并且这种影响随着附加压力的增加而增加，当压力增加到某一程度时，这种影响逐渐减弱。此外随着渗透率的增加，渗吸作用对残余油饱和度的影响作用逐渐降低，油水置换现象不再明显。一方面这是由于渗透率较高的岩心也具有较好的孔隙结构，孔径较大，离心后的残余油饱和度低。由于毛细管压力较弱，并且所测岩心黏土矿物含量相接近，渗透压的作用忽略，从而导致渗吸作用的油水置换效果远低于致密砂岩岩心。

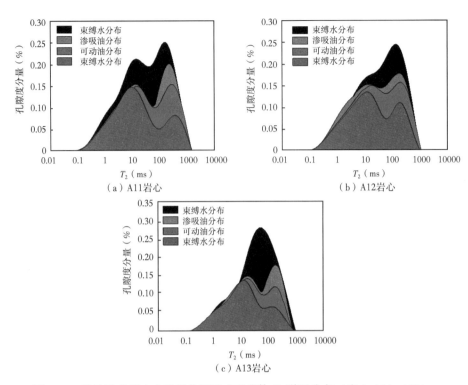

图 5-24　致密砂岩岩心在渗吸作用影响下流体 T_2 谱图分布（岩心 A11～A13）

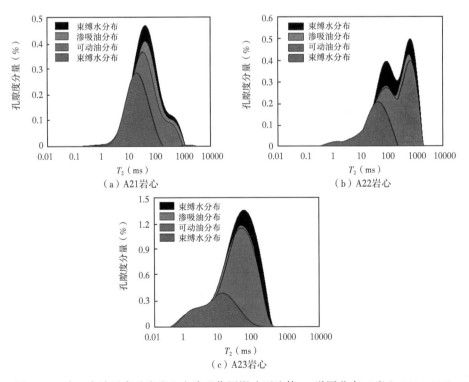

图 5-25　中—高渗透率砂岩岩心在渗吸作用影响下流体 T_2 谱图分布（岩心 A21～A23）

2. 致密砂岩与中—高渗透率砂岩带压渗吸采出程度对比

渗吸作用采出程度随时间变化关系曲线（图5-26、图5-27）可明显地划分为两个阶段。渗吸初期，致密砂岩岩心渗吸作用较强，岩心内部吸水量迅速增加，导致油水置换量及渗吸采出程度均快速上升，之后，吸收量逐渐降低趋于稳定，渗吸置换过程逐渐达到稳定平衡的状态，此时渗吸采出程度趋于稳定达到最大采出程度。随着附加压力的增加，最终的渗吸采收率也逐渐增加（A11、A12、A13最终渗吸采收率分别为4.55%、7.07%及7.57%。）。此外，随着压力的增加，自发渗吸及带压渗吸由快速上升段转至稳定平衡段的时间拐点各不相同，自发渗吸的时间拐点为10d，而5MPa和10MPa下对应的时间拐点分别为7d及5d。说明附加压力的作用下，有助于加快渗吸速率降低渗吸平衡时间。并且存在一临界附加压力，高于该压力时，达到渗吸平衡时间的天数不再发生明显变化，并且最终采收率也逐渐趋于稳定。这一变化规律与致密岩心样品应力敏感特征有关：即随着围压增加，致密岩心样品有效孔隙半径会显著降低。根据毛细管压力计算公式（$p_c = 2\sigma\cos\theta/r$）可知，在界面张力和接触角不变条件下，孔隙半径随净压力变化规律直接决定毛细管压力变化规律。因此，对于水湿性岩心而言，带压渗吸过程的主要驱动力（毛细管压力）相比于自发渗吸过程会显著增加，提高吸水速率，增加渗吸置换效率。这其中最重要原因是致密岩心样品存在应力敏感特征，强化了渗吸作用。

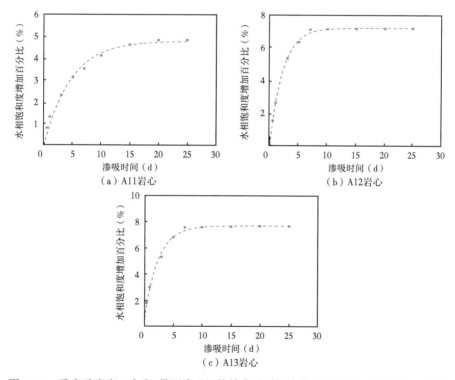

图5-26　致密砂岩岩心自发/带压渗吸置换效率随时间变化关系曲线（岩心A11~A13）

此外，渗吸作用导致的残余油变化量，并不是以小孔径孔隙为主，这一点与100%饱和油状态下的渗吸实验结果有所差别。A11、A12、A13与A21、A22、A23的不同尺寸孔隙空间的渗吸量如图5-28、图5-29所示。可以看出，致密砂岩渗吸后，渗吸提采的油相

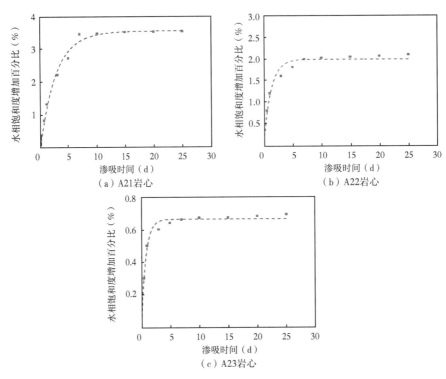

图 5-27　中—高渗透率砂岩岩心自发/带压渗吸置换效率随时间变化关系曲线（岩心 A21~A23）

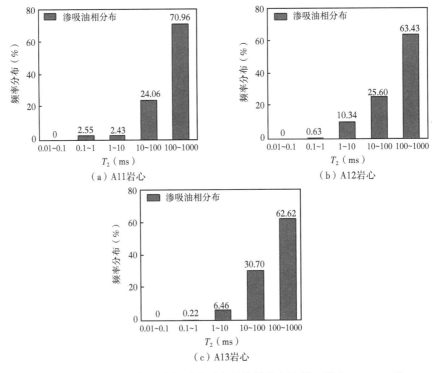

图 5-28　致密砂岩岩心油相对渗透率吸结果分布比例（岩心 A11~A13）

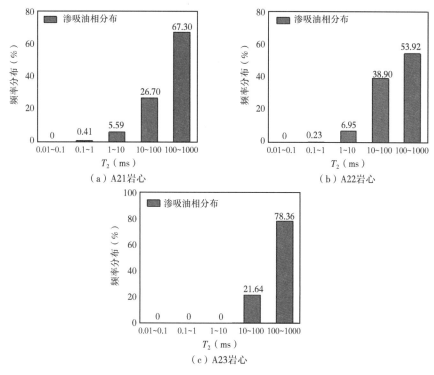

图 5-29　中—高渗砂岩岩心油相对渗透率吸结果分布比例（岩心 A21~A23）

体积以 100ms ≤ T_2 ≤ 1000ms 为主，A11、A12、A13 在这部分的渗吸提采占比分别为 70.96%、63.43% 及 62.62%，在 10ms ≤ T_2 ≤ 100ms 的孔隙空间中，该部分对总的渗吸提采量分别为 24.06%、25.60% 及 30.07%。其余的孔隙空间的渗吸提采贡献量远小于 10ms ≤ T_2 ≤ 100ms 及 100ms ≤ T_2 ≤ 1000ms 的孔隙空间。随着渗透率的增加，中—高渗透率砂岩不同孔隙空间的贡献量占比并没有发生明显区别。虽然，总的渗吸提采量有所下降，但是，各孔隙空间的渗吸占比并没有发生明显变化。10ms ≤ T_2 ≤ 100ms 及 100ms ≤ T_2 ≤ 1000ms 仍是主要的渗吸贡献空间，渗吸贡献率在 90% 以上。产生这一现象的主要原因如下：以由于岩心在初始条件下构建了束缚水饱和度，因此较小的孔喉被水相所占据，而经过离心后，在残余油饱和度条件下，大量的残余油分布在 100ms ≤ T_2 ≤ 1000ms 的孔隙空间，因此这部分的残余油成为主要的渗吸作用空间。

第五节　小　　结

通过采用低场核磁共振技术，借用于超速离心机，构建了致密砂岩岩心及中—高渗透率砂岩岩心残余油饱和度，基于此，开展了室内自发/加压渗吸实验，并分析了不同加压条件下，渗吸作用对残余油饱和度的影响，并比较了渗吸作用对致密砂岩岩心及中—高渗透率砂岩岩心的不同影响。主要认识如下：

（1）与中—高渗透率砂岩岩心相比，致密砂岩岩心油水两相分布成"双高"特征，即束缚水含水饱和度与残余油饱和度高，油水两相流动区间窄；

（2）致密砂岩岩心加压渗吸作用对残余油饱和度的影响明显高于自发渗吸作用对残余油饱和度的影响，并且随着压力的增加，会强化加压渗吸作用；

（3）与致密砂岩岩心相比，中高渗透率砂岩中加压渗吸作用对残余油的影响弱于致密砂岩岩心，渗透率越大，加压渗吸作用对残余油的影响越弱；

（4）带压渗吸采出程度随着围压的增加而增加，采出程度随时间的变化曲线分为快速上升阶段和稳定阶段，达到稳定阶段的时间点随压力的增加而增加。

<h2 style="text-align:center">参 考 文 献</h2>

［1］杨胜来，魏俊之．油层物理学［M］．北京：石油工业出版社，2004.

［2］Ayappa K G, Davis H T, Davis E A, et al. Capillary Pressure：Centrifuge Method Revisited［J］. Aiche Journal, 1989, 35（3）：365-372.

［3］Testamanti M N, Rezaee R. Determination of NMR T_2 Cut-off for Clay Bound Water in Shales：A Case Study of Carynginia Formation, Perth Basin, Western Australia［J］. Journal of Petroleum Science and Engineering, 2017, 149：497-503.

第六章　致密油储层相对渗透率规律

致密油储层由于低孔隙度、低渗透率的特征，可动流体饱和度低，两相流体相对渗透率可动区间在 20% 左右。由第五章研究内容可知，带压渗吸作用可显著降低残余油饱和度，扩大两相对渗透率流区间。因此，在实际油藏条件下，闷井过程中的致密油储层相对渗透率曲线是动态变化的过程。所以，传统相对渗透率曲线不再适用于现场实际与应用。本章以第五章研究结果为基础，基于分形理论模型，构建了新的考虑渗吸作用的相对渗透率模型。为后期数值模拟研究奠定了基础。

第一节　基于分形理论构建相对渗透率模型

一、分形理论

分形理论由分形之父 Mandelbrot 于 1975 年首次提出，并在后期得到众多学者的广泛研究与支持。分形几何学为人们提供了一种从局部认识整体、从有限了解无限的方法。分形几何有着描述极其复杂几何体的优势，它的出现相对于经典欧氏几何学来说，无疑是一次革命性的突破。

传统油气藏模型都是基于欧基里得几何学建立的，其研究对象是连续的、渐变的和光滑的均质对象，并且传统油气藏模型都具有"特征长度"。传统多孔介质模型对实际油藏进行了大大的简化，只是一种粗略的近似，无法描述油藏多孔介质的复杂精细结构。

分形几何可以很好地描述间断的、突变的和粗糙的复杂对象。因此，基于分形几何建立的分形油气藏模型，能够更加准确地反映真实多孔介质结构的复杂性、无序性和非均质性，更接近真实的油藏。

分形几何学以研究具有自相似的不规则曲线和不规则图形等集合线性。主要的概念设计分形维数，它能准确地描述曲线和图形的非规律性特征。其定义式一般可以表示为：

$$N(r) = c\left(\frac{1}{r}\right)^{D_{\mathrm{f}}} \tag{6-1}$$

式中　C——常数；

　　　r——标度，无量纲；

　　　$N(r)$——该标度下所测量得到的量值，无量纲；

　　　D_{f}——分形维数。

二、相对渗透率分形模型

假设致密油储层为不同的毛细管组成，其分布特征满足分形维数特征，如下式所示：

$$N(\geqslant r) = \left(\frac{r_{\max}}{r}\right)^{D_{\mathrm{f}}} \tag{6-2}$$

123

式中 N——所研究对象毛细管半径大于 r 的毛细管数；

D_f——分形维数；

r_{max}——所研究对象最大毛细管半径。

由式 6-2 可知，致密砂岩岩心总孔隙体积由积分可得：

$$V_{total} = \int_{r_{min}}^{r_{max}} \pi r^2 L_f \mathrm{d}r \tag{6-3}$$

式中 V_{total}——孔隙总体积；

L_f——特征长度；

R_{min}——最小毛细管半径。

在离心作用过程中，致密砂岩岩心中油相所占的孔隙体积可得：

$$V_o = \int_{r}^{r_{max}} \pi r^2 L_f \mathrm{d}r \tag{6-4}$$

式中 V_o——致密砂岩岩心中油相所占的孔隙体积；

r——油相所占据的最小毛细管半径。

由式（6-3）和式（6-4）可得，致密砂岩岩心油相饱和度 S_o 可表示为：

$$S_o = \frac{\int_{r}^{r_{max}} \pi r^2 L_f \mathrm{d}r}{\int_{r_{min}}^{r_{max}} \pi r^2 L_f \mathrm{d}r} = \frac{r_{max}^{3-D_f} - r^{3-D_f}}{r_{max}^{3-D_f} - r_{min}^{3-D_f}} \tag{6-5}$$

而毛细管压力的计算公式一般可表示为：

$$p_c = \frac{2\sigma\cos\theta}{r} \tag{6-6}$$

式中 p_c——致密砂岩岩心毛细管半径为 r 时所对应的毛细管压力；

σ——油水界面张力；

θ——油水两相接触角。

由式（6-6）可知，毛细管半径为 r_{max} 及 r_{min} 所对应的毛细管压力分别为：

$$p_e = \frac{2\sigma\cos\theta}{r_{max}} \tag{6-7}$$

$$p_\infty = \frac{2\sigma\cos\theta}{r_{min}} \rightarrow +\infty \tag{6-8}$$

将式（6-6）至式（6-8）代入式（6-5）可得：

$$S_o = \frac{\left(\frac{1}{p_e}\right)^{3-D_f} - \left(\frac{1}{p_c}\right)^{3-D_f}}{\left(\frac{1}{p_e}\right)^{3-D_f} - \left(\frac{1}{p_\infty}\right)^{3-D_f}} \approx \frac{\left(\frac{1}{p_e}\right)^{3-D_f} - \left(\frac{1}{p_c}\right)^{3-D_f}}{\left(\frac{1}{p_e}\right)^{3-D_f}} = 1 - \left(\frac{p_e}{p_c}\right)^{3-D_f} \tag{6-9}$$

由式（6-9），最大含油油饱和度 $(S_o)_\infty$ 可表示为：

$$(S_o)_\infty = 1 - \left(\frac{p_e}{p_{max}}\right)^{3-D_f} \tag{6-10}$$

由式（6-9），水相饱和度 S_w 可以表示为：

$$S_w = \left(\frac{p_e}{p_c}\right)^{3-D_f} \tag{6-11}$$

束缚水饱和度 S_{wr} 可以表示为：

$$S_{wr} = \left(\frac{p_e}{p_{max}}\right)^{3-D_f} \tag{6-12}$$

为方便计算，将水相饱和度归一化可得：

$$S_w^* = \frac{S_w - S_{wr}}{1 - S_{wr}} \tag{6-13}$$

将式（6-11）及式（6-12）代入式（6-13）可得：

$$
\begin{aligned}
S_w^* &= \frac{S_w - S_{wr}}{1 - S_{wr}} = \frac{\left(\frac{p_e}{p_c}\right)^{3-D_f} - \left(\frac{p_e}{p_{max}}\right)^{3-D_f}}{1 - \left(\frac{p_e}{p_{max}}\right)^{3-D_f}} \\
&= \frac{\left(\frac{p_e}{p_c}\right)^{3-D_f} - \left(\frac{p_e}{p_{max}}\right)^{3-D_f}}{\left(\frac{p_e}{p_e}\right)^{3-D_f} - \left(\frac{p_e}{p_{max}}\right)^{3-D_f}} = \frac{\left(\frac{1}{p_c}\right)^{3-D_f} - \left(\frac{1}{p_{max}}\right)^{3-D_f}}{\left(\frac{1}{p_e}\right)^{3-D_f} - \left(\frac{1}{p_{max}}\right)^{3-D_f}}
\end{aligned}
\tag{6-14}
$$

整理，毛细管压力 p_c 可表示为：

$$p_c = \left[p_{max}^{D_f-3} - \left(p_{max}^{D_f-3} - p_e^{D_f-3}\right) S_w^*\right]^{\frac{1}{3-D_f}} \tag{6-15}$$

由式（6-15）可知，在离心实验中，默认离心力与毛细管压力相等，因此，有离心实验所得的毛细管压力曲线可经拟合得到分形维数 D_f，即得到了符合该致密油储层孔喉特征的毛细管压力解析表征模型。

结合基于 Hagen-Poiseuille 方程与毛细管压力模型，可得到水相相对渗透率（K_{rw}）和油相相对渗透率（K_{ro}）：

$$K_{rw} = \frac{\int_{S_{wr}}^{S_w} 1/p_c^2 \mathrm{d}S_w}{\int_{S_{wr}}^{1-S_{or}} 1/p_c^2 \mathrm{d}S_w} = \frac{1 - (S_{we}^*)^{\frac{2+\lambda}{\lambda}}}{1 - \alpha^{\frac{2+\lambda}{\lambda}}} \tag{6-16}$$

$$K_{ro} = \frac{\int_{S_w}^{1-S_{or}} 1/p_c^2 \mathrm{d}S_w}{\int_{S_{wc}}^{1-S_{or}} 1/p_c^2 \mathrm{d}S_w} = \frac{(S_{we}^*)^{\frac{2+\lambda}{\lambda}} - \alpha^{\frac{2+\lambda}{\lambda}}}{1 - \alpha^{\frac{2+\lambda}{\lambda}}} \tag{6-17}$$

其中，$\lambda = 3 - D_f$；$\alpha = (p_e/p_{max})^{-\lambda}$；$S_{we}^* = 1-(1-\alpha)S_w^*$；一般情况下，$K_{ro}$ 在束缚水饱和度及残余油饱和度下的理论计算结果分别为 1 和 0，K_{rw} 在束缚水饱和度及残余油饱和度下分

别为 0 和 1，计算数值与实际情况相差较大，为解决此问题，在实际应用过程中，应用第一次油驱水得到的驱替过程毛细管压力曲线拟合得到分形维数，计算 K_{rw}；在通过第二次水驱油得到的吸入过程的毛细管压力曲线拟合得到分形维数，计算 K_{ro}。

第二节　毛细管压力模型验证及相对渗透率曲线计算

由本章第一节可知，根据离心实验数据可以拟合得到公式（6-15），进而确定公式（6-16）及公式（6-17），并最终得到所研究致密砂岩岩心的毛细管压力 p_c 解析解。为后续计算油水相对渗透率曲线奠定基础。

一、毛细管压力模型拟合验证

毛细管压力曲线分为吸入（水驱油）和驱替（油驱水）两种，由式（6-15）拟合毛细管压力曲线时，可采用试凑法，p_{max} 为实验所测的最大毛细管压力，p_e 与分形维数 D_f 试凑法计算得到，最后得到符合实验结果的 p_c 解析解。

1. 油驱水过程毛细管压力曲线拟合

由公式 6-15 得到的毛细管压力拟合曲线如图 6-1 及图 6-2 所示，可以得到，致密砂岩岩心 A11、A12、A13 油驱水过程的离心测试拟合结果为：p_e 分别为 0.97MPa、0.88MPa 及 0.92MPa，λ 分别为 0.87、0.66 及 0.76；中—高渗透率砂岩岩心 A21、A22、A23 油驱水过程的离心测试拟合结果为：p_e 分别为 0.72MPa、0.1MPa 及 0.05MPa，λ 分别为 0.76、0.48 及 0.35。

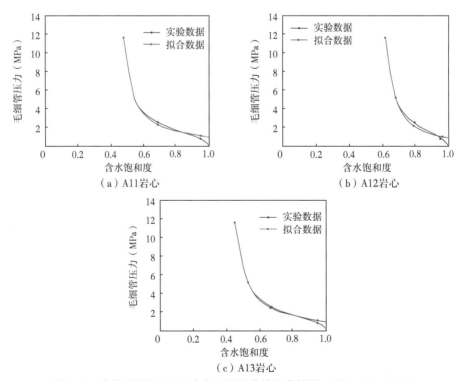

图 6-1　致密砂岩岩心油驱水离心测试曲线拟合结果（岩心 A11~A13）

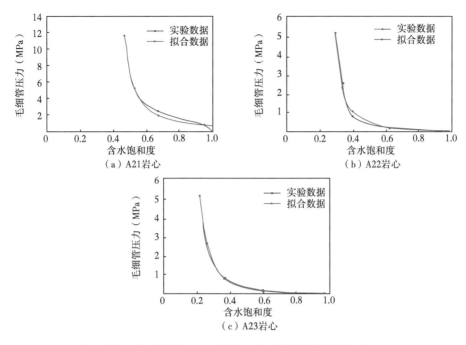

图 6-2　中—高渗透率砂岩岩心油驱水离心测试曲线拟合结果（岩心 A21~A23）

2. 水驱油过程毛细管压力曲线拟合

水驱油过程的毛细管压力拟合曲线如图 6-3、图 6-4 所示，可以得到，致密砂岩岩心 A11、A12、A13 水驱油过程的离心测试拟合结果为：p_e 分别为 0.55MPa、1.1MPa 及 1.00MPa，λ 分别为 0.26、0.21 及 0.22；中—高渗透率砂岩岩心 A21、A22、A23 油驱水

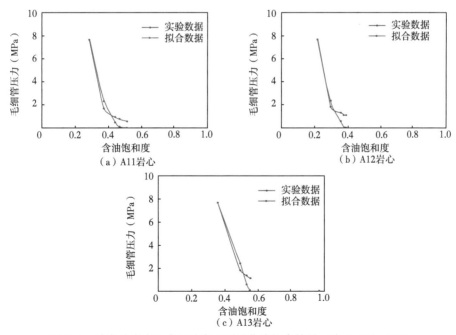

图 6-3　致密砂岩岩心水驱油离心测试曲线拟合结果（岩心 A11~A13）

过程的离心测试拟合结果为：p_e 分别为 0.88MPa、0.1MPa 及 0.03MPa，λ 分别为 0.23、0.15 及 0.12。

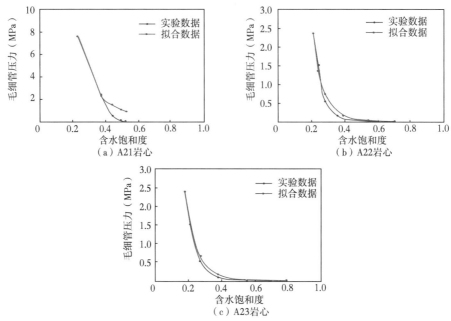

图 6-4　中—高渗透率砂岩岩心水驱油离心测试曲线拟合结果（岩心 A21~A23）

二、油水相对渗透率模型计算

基于第二节第一部分的拟合计算结果，将所得各参数代入式（6-16）及式（6-17）中，即可得到基于分型理论的油水相对渗透率计算结果如图 6-5、图 6-6 所示。

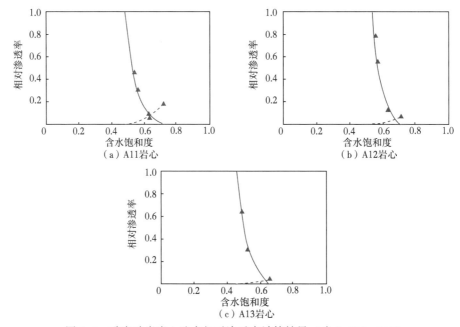

图 6-5　致密砂岩岩心油水相对渗透率计算结果（岩心 A11~A13）

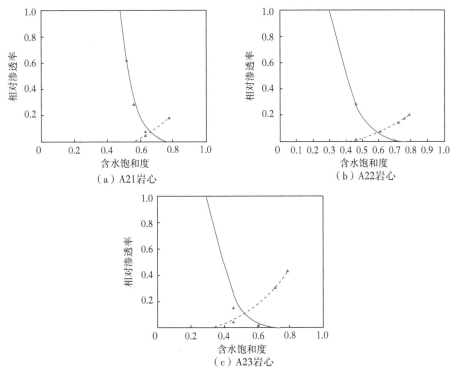

图 6-6 中—高渗透率砂岩岩心油水相对渗透率计算结果（岩心 A21~A23）

由图 6-5 及图 6-6 可知，经拟合计算后，油水相相对渗透率不再呈对称形，水相相对渗透率在残余油饱和度下的值不再为 1，解决了常规分形计算模型的局限性。并且由致密砂岩及中高渗透率砂岩岩心相对渗透率结果对比发现，致密砂岩岩心相对渗透率具有两个特征：一是两相共渗区窄，一般在 20% 左右；二是油相相对渗透率随水相饱和度的增加递减速度快，残余油饱和度条件下水相相对渗透率较小。

第三节 相对渗透率模型验证

为验证上述计算结果，采用非稳态法测量相对渗透率。非稳态法测量相对渗透率是建立在岩心驱替实验的基础上，运用达西定律和 B-L[1] 方程进行理论推导，最经典的解释方法是 1959 年提出的 J. B. N. 计算方法，这个方法在早期的中高渗透率岩石测试中有较好的效果（本章节中高渗透率砂岩岩心采用此方法进行相对渗透率测试）。随着研究深入，在致密油低渗透储层中因为孔喉细小、孔隙结构复杂、内表面积较大，具有很大的固液面分子作用力和毛细管压力影响，流体渗流规律与常规岩心有差异。在致密油岩心相对渗透率测量中要结合致密、低渗透特性对传统计算方法进行改进。

在相对渗透率计算公式推导中，结合实验要求，先要做出以下假设：（1）储层为均匀多孔介质；（2）油水性质稳定，并相互不发生反应；（3）忽略储层及驱替油水的压缩性质；（4）忽略油水重力作用。

一、非稳态相对渗透率测量法理论基础

在致密油藏渗流考虑毛细管压力作用时，油水两相的运动方程分别为：

$$v_0 = \frac{Q_o}{A} = -\frac{KK_{ro}}{\mu_o}\frac{\partial p_o}{\partial x} \tag{6-18}$$

$$v_w = \frac{Q_w}{A} = -\frac{KK_{rw}}{\mu_w}\frac{\partial p_w}{\partial x} \tag{6-19}$$

将式中油水两相的运动方程相结合，可以得到：

$$\frac{\mu_w}{KK_{rw}}v_w - \frac{\mu_o}{KK_{ro}}v_o = \frac{\partial p_o}{\partial x} - \frac{\partial p_w}{\partial x} \tag{6-20}$$

给出毛细管压力定义为：$p_c = p_o - p_w$，单位为 MPa，毛细管压力是有关含水饱和度的函数。定义 f_w 为渗流过程中水相所占的分量，即含水率，表达式为：

$$f_w = \frac{Q_w}{Q} = \frac{Q_w}{Q_o + Q_w} = \frac{Av_w}{Av_w + Av_o} = \frac{v_w}{v_w + v_o} \tag{6-21}$$

其中 $v_w + v_o = v_t$，即油相和水相的速度和等于总液流的流动速度。将式（6-20）和式（6-21）相结合可以得出致密油藏考虑毛细管压力作用的含水率（分流量）方程如下：

$$f_w = \frac{\dfrac{\mu_o}{K_{ro}} + \dfrac{KA}{Q}\dfrac{\partial p_c}{\partial x}}{\dfrac{\mu_w}{K_{rw}} + \dfrac{\mu_o}{K_{ro}}} \tag{6-22}$$

式中　K_{ro}、K_{rw}——分别为油相、水相的相对渗透率，%；

　　　Q_o、Q_w——分别为油相、水相的流量，mL/s；

　　　Q——液相总流量，恒流实验过程中即为泵所示流量，mL/s；

　　　μ_o、μ_w——分别为油相、水相的黏度，mPa·s；

　　　A——岩样截面面积，cm^2；

　　　p_c——毛细管压力，MPa；

　　　f_w——含水率，%。

在油水相对渗透率计算过程中，运用到了 B-L 方程，根据渗流力学和物质平衡方程可以描述在水驱油过程中储层岩石中的流体运移规律，忽略油水压缩性时，水相的连续性方程为：

$$\phi\frac{\partial S_w}{\partial t} = -\frac{Q}{A}\frac{\partial f_w}{\partial x} \tag{6-23}$$

式中　S_w——含水饱和度，%；

　　　ϕ——岩心孔隙度，%。

该式的物理含义是在水驱油过程中某一时刻在岩心中一微小六面体，流入与流出的水相体积差等于在此时刻六面体中水相体积的变化量。

根据偏导数的基本性质对式（6-23）进行变形可以得到：

$$\frac{\mathrm{d}x}{\mathrm{d}t} = \frac{Q}{\phi A}\frac{\partial f_w}{\partial S_w} = \frac{Q}{\phi A}f'_w(S_w) \tag{6-24}$$

公式（6-24）即为 B-L 方程，表示的是某一等饱和度平面推进的速度式，表明等饱和度平面推进速度等于截面上的总液流速度乘以含水率对含水饱和度的微商，该式中的 f_w 表达式为式（6-22）。对公式（6-24）两边积分可得：

$$x = \frac{f'_w(S_w)}{\phi A}\int_0^t Q\mathrm{d}t \tag{6-25}$$

注水时，岩心中任一点的含水饱和度随时间而变化，见水后不同饱和度 S_w 所处的位置 x 的表达式为式（6-25），在相对渗透率实验过程中，在岩心出口处有：

$$L = \frac{f'_w(S_{we})}{\phi A}\int_0^t Q\mathrm{d}t \tag{6-26}$$

式中　S_{we}——岩心出口端的含水饱和度值。

定义一个新的量 $\overline{V}(t)$ 表示为在 t 时刻的岩心无量纲累计注入液量，表达为：

$$\overline{V}(t) = \frac{\int_0^t Q(t)\mathrm{d}t}{\phi AL} \tag{6-27}$$

代入式（6-26）可以得到：

$$f'_w(S_{we}) = \frac{\phi AL}{\int_0^t Q(t)\mathrm{d}t} = \frac{1}{\overline{V}(t)} \tag{6-28}$$

想要计算油水相对渗透率，需要建立岩心两端压差与相对渗透率的关系，建立状态方程，利用达西运动方程建立：

$$-\frac{\partial p}{\partial x} = \frac{\mu_w Q_w}{AKK_{rw}} = \frac{\mu_w v_t f_w}{KK_{rw}} \tag{6-29}$$

式中　v_t——注入速度，mL/s。

在恒流法测相对渗透率过程中，$v_t = \frac{Q}{A}$ 可以通过驱替泵所显示的流量大小计算得出。

假设岩心两端的压差为 Δp，则有以下表达式（水相）：

$$\Delta p = p_1 - p_2 = -\int_0^L \frac{\partial p}{\partial x}\mathrm{d}x = \frac{\mu_w v_t}{K}\int_0^L \frac{f_w}{K_{rw}}\mathrm{d}x \tag{6-30}$$

因为实验所用致密岩心为水相润湿性，这里选择使用水相的压力梯度计算。在早期的研究中，大量实验证明在强水湿性岩心测量相对渗透率过程中以水相压力梯度进行解释更加合理。将式（6-25）和式（6-26）相结合再求导可以得出：

$$\mathrm{d}x = \frac{L}{f'_w(S_{we})}\mathrm{d}f'_w(S_w) \tag{6-31}$$

将式（6-31）代入式（6-30）整理之后再求导可得到水相相对渗透率的计算公式为：

$$K_{rw}(S_{we}) = f_w(S_{we}) \left[d\left(\frac{1}{\overline{V}(t)}\right) \Big/ d\left(\frac{1}{I \cdot \overline{V}(t)}\right) \right] \tag{6-32}$$

参数 I 为注入能力比，表达式如下：

$$I = \frac{\mu_w v_t L}{K \Delta p} = \frac{\mu_w Q_t L}{KA \Delta p} \tag{6-33}$$

在实际实验中选择恒流法岩心水驱油过程，流量 Q 为定值，所以在数据解释中注入能力比 I 只与岩心两端差压有关，需要在实验过程中及时记录压差数据用于之后的数据解释。将式（6-32）与致密岩心分流量方程（6-22）结合可以推导出油相的相对渗透率值计算公式：

$$K_{ro}(S_{we}) = \frac{\mu_o \left[1 - f_w(S_{we}) \right]}{\dfrac{\mu_w f_w(S_{we})}{K_{rw}(S_{we})} - \dfrac{KA}{Q}\left(\dfrac{dp_c}{dS_w}\dfrac{\partial S_w}{\partial x}\right)} \tag{6-34}$$

式（6-32）和式（6-34）就是致密岩心考虑毛细管压力作用的非稳态实验测油水两相相对渗透率的计算公式。当忽略毛细管压力作用时，计算公式与经典的 J. B. N. 方法相同，在传统实验中往往通过提高驱替泵的流速来克服毛细管压力的影响，但是在低渗透—致密岩心实验中，毛细管压力的作用是无法忽视的，并且过高的驱替流速会造成较大的入口压力，不适用于致密岩心驱替实验。考虑毛细管压力的非稳态解释方法，可以在实验中用较小的流量计算出相对渗透率，在低渗透岩心实验中可以较好地应用。Qadeer 等的研究表示，湿相相对渗透率几乎不受毛细管压力影响，非湿相受毛细管压力作用影响较大。当岩心为水湿性时，毛细管压力的作用会使得油相相对渗透率发生变化。

在水驱油实验过程中，由公式（6-25）可以计算出各个等饱和度平面在不同时刻所到达的位置，由于各含水饱和度值下的 $f_w'(S_w)$ 不同，因此不同等饱和度平面在 t 时刻的位置也不同。图 6-7 表示的是水驱油岩心中含水饱和度的分布变化，可以看出，随着时间 t 的增大，岩心出口端的含水饱和度不断增大，因为存在残余油无法驱出，所以岩心出口端

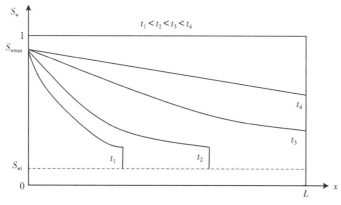

图 6-7　水驱油岩心中含水饱和度分布

所能测到的最大含水饱和度不会超过 100%，在致密岩心中，所测最大的含水饱和度将
更低。

由式（6-33）可知，若使此方程成立，需求出在岩心末端的含水饱和度梯度 $\partial S_w / \partial x$，
对于这个参数，以往很多学者将其假设为线性关系。李克文[2]经过理论推导和实验验证发
现在低流量的水驱油实验中，岩心末端含水饱和度梯度的计算式为：

$$\left.\frac{\partial S_w}{\partial x}\right|_{x=L} = -\frac{\partial S_w}{\partial t}\frac{\mathrm{d}t}{\mathrm{d}x} = \frac{-Q^2}{A\phi L^2}\left(2\frac{\mathrm{d}f_{we}}{\mathrm{d}Q} + Q\frac{\mathrm{d}^2 f_{we}}{\mathrm{d}Q^2}\right) \tag{6-35}$$

式（6-35）是在式（6-24）的基础上利用偏微分定义推导而出，式中的所需变量参
数在试验中均可测量得到，在低流量水驱油实验中，利用低场核磁共振监测可以获得较高
的测量精度。

二、非稳态相对渗透率测量法方法

由于常规相对渗透率测量方法在数值测量过程中，以高精度量筒为主要测量工具，这
种方法对于常规高渗透率岩心具有较好的取值精度。而由于致密砂岩岩心低孔隙度、低渗
透率的特性，油水流动性差，因此取值测量工作较难。如若继续使用常规测量方法，其取
值过程存在较大的误差。因此，本章节利用低场核磁共振监测可以获得较高的测量精度。

1. 核磁共振技术测量油水驱替过程原理

低场核磁共振监测致密岩心流体渗流过程的原理是，当某种液体在岩心中流动时，T_2
分布曲线（T_2 谱）与坐标轴所围成的图形面积与岩心中含氢质子的流体的量成正相关关
系，即可认为 T_2 曲线沿弛豫时间的累积积分面积反映了岩心孔隙中含氢质子的流体质量，
图 6-8 为驱替实验所用的高温高压驱替核磁共振扫描一体化仪器。

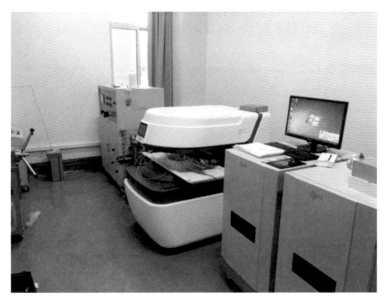

图 6-8 高温高压驱替核磁共振扫描一体化仪器

在水驱油测相对渗透率实验中，使用的两相流体为不含氢质子的氟油 FC-40（油相）和含有氢质子的 2%KCl 水溶液（水相），当水相在驱替泵的压力作用下缓慢注入岩心过程中，核磁监测到的 T_2 谱信号量将会增大，通过提前定标可以将 T_2 谱信号量的变化量转化为进入岩心的水相的量，进而通过物质平衡定律，并且忽略岩心、流体的压缩性质，可以将一段时间注入岩心的水相的量看作这段时间流出岩心的油相的量，图 6-9 反映的是致密岩心非活塞式水驱油的示意图。

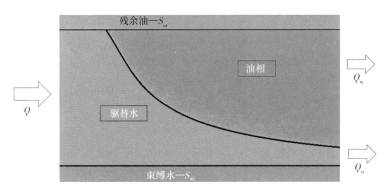

图 6-9 致密岩心非活塞式水驱油示意图

因为实验选择恒流驱替，所以在整个水驱油过程中，流入岩心的总液体流量与流出岩心的液量一致，岩心出口端的油相、水相的流量之和与总的注入流量相等。为了避免高流量引起的岩心压力变化异常，在致密油驱替选用低流量进行实验。则当核磁监测的 T_2 谱发生信号量增长时视为水相进入岩心孔隙，当驱替一段时间之后，T_2 谱信号不再发生变化时视为水驱油过程结束，岩心处于残余油状态。在过程中记录信号量的变化即可求出不同时间段内流过岩心的水相、油相的流量。由于 T_2 谱监测的是岩心内部液相的变化，可以较好地降低低流速带来的计量误差，可以达到精确计量的目的。

2. 实验步骤

（1）将岩心加工为长 3.7cm、直径 2.5cm 左右的柱塞，洗油、烘干；

（2）选取经过洗油和烘干处理的岩心样品，称重；使用抽真空加压饱和装置进行处理，抽真空 48 小时，在 20MPa 压力下使用 2%（质量分数）KCl 溶液饱和 5 天；

（3）利用低场核磁共振监测装置测试饱和水状态致密岩心的 T_2 谱；

（4）将岩心驱替至束缚水状态，并在驱替过程中实时监测 T_2 谱变化，当 T_2 谱不再发生明显变化后，默认此时岩心已驱替至束缚水状态；

具体步骤如下：

①将氟油置于中间容器中并连通管线，确保实验装置中所有管线接正常并无漏液情况；

②打开围压泵设置 5MPa 的岩心夹持器围压；

③开启高压高精度柱塞泵以 5mL/min 的恒定速度注入流体，在确保管线中气体排空后，切换至恒压驱替模式，保持岩心入口端压力 2MPa 条件下恒压驱替；

④每隔一段时间使用低场核磁共振监测装置测试岩心 T_2 谱，随着驱替进行，时间间隔逐渐加大，当 T_2 谱信号量不再发生变化时，即视为岩心达束缚水状态，驱替结束；

⑤取出致密岩心样品，使用棉纱擦干岩心表面后，利用高精度天平进行称重，并可求得岩心束缚水饱和度：

$$S_{wr} = \frac{V_p - V_w}{V_p} \times 100\% = \frac{V_p - \Delta m / \Delta \rho}{V_p} \times 100\% \tag{6-36}$$

式中 S_{wr}——束缚水饱和度，%；

Δm——驱替前后岩心质量差，g；

$\Delta \rho$——流体密度差，g/mL。

（5）束缚水构建完毕后，将 2% KCl 水溶液置于中间容器中并连通管线，确保实验装置中所有管线接正常并无漏液情况；

（6）打开围压泵设置 3MPa 的夹持器围压跟踪压力，即保证围压比岩心入口压力高 3MPa；

（7）开启高压高精度柱塞泵以 5mL/min 的恒定速度注入流体，在确保管线中气体排空后，调整泵速为 0.01mL/min 进行恒流水驱油实验；

（8）每隔一段时间使用低场核磁共振监测装置测试岩心 T_2 谱，当信号量产生变化时视为水相进入岩心，并记录岩心两端压差值，随着驱替的进行，时间间隔逐渐加大。当 T_2 谱信号量不再发生变化时，即认为岩心已达残余油状态，可视为实验结束；

通过式（6-37）可求得不同时间内岩心出口端的采油量：

$$Q_o = \Delta \sum A_i / 1340.13 \tag{6-37}$$

式中 $\Delta \sum A_i$——不同时刻岩心 T_2 谱信号量差值，表征岩心内部流体变化，a.u.。

实验装置示意图如图 6-10 所示。

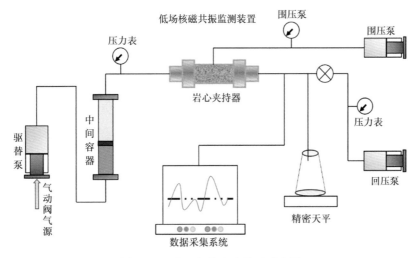

图 6-10 岩心驱替实验装置示意图

3. 实验结果

为降低物性特征所带来的实验误差，选取与 A11、A22 及 A23 同一层位的所钻取的岩心 A11_1、A22_1 及 A23_1 进行相对渗透率实验。

致密砂岩岩心相对渗透率测试过程发现，由于驱油速度较低，岩心内部信号量变化较慢。而且因为致密岩心存在启动压力影响，岩心末端出液时间普遍较长，平均为 140 分钟，在此之前的信号谱基本不发生变化，岩心出液时平均压力为 1.35MPa，驱替结束时压力平均稳定在 6.87MPa 左右，且总的驱替时间较长，在 10 小时以上。三块岩心水驱油过程中信号量变化较大的不同时刻 T_2 谱信号图如图 6-11 所示。

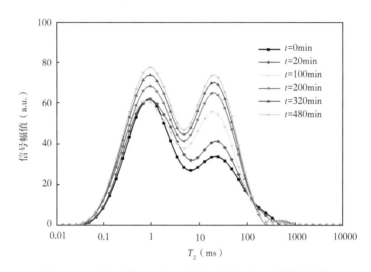

图 6-11　致密砂岩岩心岩心水驱油过程中 T_2 谱信号变化

以信号量发生变化的前一时刻为 $t=0$ 时刻，从图 6-11 可以看出，随着实验进程，信号量的变化量逐渐减小。在驱替过程中前期，水相主要通过纳米中孔 （$10\mathrm{ms}<T_2\leqslant100\mathrm{ms}$）范围内增长，随着驱替时间的增加，信号量变化范围逐渐反映在纳米微孔 （$0.1\mathrm{ms}<T_2\leqslant10\mathrm{ms}$） 内。说明实验过程中水相流体优先进入较大孔喉，随着压力增加缓慢驱入较小孔喉通道。

利用岩心 T_2 信号量变化求得的流体流量，结合《岩石中两相流体相对渗透率测定方法》（GB/T 28912—2012） 和式（6-32）、式（6-34）及式（6-35）可得到基于低场核磁共振监测的致密油油水相对渗透率曲线，其中毛细管压力曲线数据来自第三章离心实验，结果如图 6-12 所示。

由致密砂岩岩心非稳态法测相对渗透率结果可以看出，致密岩心的两相流动区较小，束缚水饱和度范围在48.66%～51.23%之间，水驱油至残余油状态时含水饱和度在 76.84%～80.07%之间，等渗点处的两相相对渗透率在 5%左右。相较于离心法测相对渗透率的结果，油水两相区范围增大。图 6-12 中黄线所示为经典 JBN 法解释的油相相对渗透率曲线，灰线为考虑毛细管压力的实验结果，可以看出考虑毛细管压力之后的油相相对渗透率曲线上移，等渗点向右上角小范围偏移，而水相对渗透率并没有变化。这是因为岩心是水湿性的，毛细管压力对水相不影响，而对油相来说，毛细管压力作为动力，它的存在提高了油相对渗透率流能力，油相相对渗透率增加；随着含油饱和度的增加，油相相对渗透率也增加，且受毛细管压力的影响越大，即在低含水饱和度时，毛细管压力大，作为动力，更有助于油相对渗透率流。

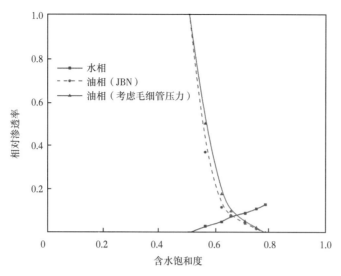

图 6-12 致密砂岩岩心非稳态法测得相对渗透率曲线

由常规方法测量的 A22 及 A23 相对渗透率曲线结果如图 6-13 所示。可以看出，中—高渗透率砂岩岩心两相流动区明显高于致密砂岩岩心，随着渗透率的增加，其水相相对渗透率远高于致密砂岩岩心。等渗点所处的含水饱和度为 60% 左右，并且等渗点处的相对渗透率随着渗透率的增加而增加。

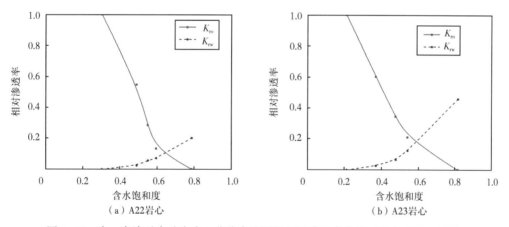

图 6-13 中—高渗透率砂岩岩心非稳态法测得相对渗透率曲线（岩心 A22、A23）

4. 实验结果与数值计算结果对比

为验证基于分形理论建立的相对渗透率表征模型的准确性，将实验结果与数值计算结果进行对比，结果如图 6-14 所示。可以看出，在致密砂岩岩心中，由实验法测得的相对渗透率规律与分形理论计算得到的相对渗透率规律差别不大，油相相对渗透率变化规律基本一致，均呈现出快速下降的趋势；而水相相对渗透略有差距，但并不明显。由实验法测得的相对渗透率规律其两相共渗区略微高于由分形法计算得到的相对渗透率规律。这是因为由离心法动用的孔隙空间以中孔和较大的孔隙为主，由于小孔喉具有较强的离心力，因此小孔隙的孔隙空间的相态流体较难动用，而驱替法由于恒流驱替，使得较小孔隙空间的流体也能被动用。但是总体而言，这种影响对于相对渗透率曲线的影响基本可以忽略。对于中—高渗透率砂岩而言，其实验所得到的油相相对渗透率与数值计算得到的相对渗透率差别较为明显，而水相相对渗透率较为一致，实验法所得到的相对渗透率曲线，等渗点相较于数值法右移，并且等渗点处的相对渗透率值高于数值法。一方面，由于所测岩心渗透率较高，所测得的毛细管压力与实际仍有一定的差距，导致毛细管压力法所计算得到的相对渗透率曲线与实验所得的相对渗透率曲线具有一定差别；另一方面，由于实验具有不可重复性，实验法所测的相对渗透率曲线其规律性受实验取值的影响较大。

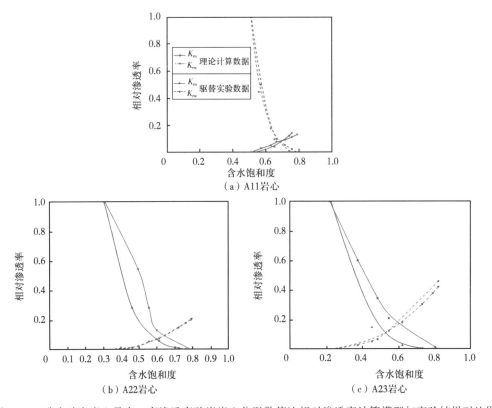

图6-14　致密砂岩岩心及中—高渗透率砂岩岩心分形数值法相对渗透率计算模型与实验结果对比图

第四节　考虑渗吸作用影响的相对渗透率规律

基于分形理论的相对渗透率规律表征模型与实验所测的相对渗透率曲线具有较好的一致性。但由于渗吸作用的影响，其残余油饱和度在闷井过程中会显著降低，此时的相对渗透率规律会发生明显变化。因此，初期计算得到的相对渗透率曲线不再适用，需重新构建新的相对渗透率曲线。

渗吸后的相对渗透率曲线依旧基于分形理论，通过拟合达到渗吸后残余油饱和度的毛细管压力曲线，从而构建考虑渗吸作用影响下的相对渗透率曲线。

一、考虑渗吸作用的毛细管压力曲线拟合及相对渗透率曲线表征

考虑渗吸作用影响下的毛细管压力曲线拟合主要是通过将实验所测得的毛细管压力曲线按照曲线延伸规律延长至渗吸结束时的残余油饱和度，并依此求出符合此变化规律的毛细管压力解析公式，并在此基础上重新计算相对渗透率曲线。由于致密砂岩岩心受渗吸作用影响较明显，与两相共渗区想去，降低的残余油饱和度可以显著提高两相共渗区；而中高渗透率砂岩岩心受渗吸影响较弱，残余油饱和度降低不明显，渗吸作用对两相共渗区影响较低。因此，本小节只构建针对致密砂岩岩心 A11、A12 及 A13 的相对渗透率曲线。

致密砂岩岩心 A11、A12 及 A13 的渗吸作用影响后的拟合毛细管压力曲线如图 6-15 所示。可以得到，受渗吸作用影响 A11、A12 及 A13 的最终残余油饱和度分别为 24.13%、14.26% 及 27.03%。此残余油饱和度下的所预测的毛细管压力大小分别为 13.25MPa、14.50MPa 及 14.25MPa。

致密砂岩岩心 A11、A12、A13 毛细管压力曲线拟合结果为：p_e 分别为 0.55MPa、0.32MPa 及 1.00MPa；λ 分别为 0.13、0.22 及 0.29。

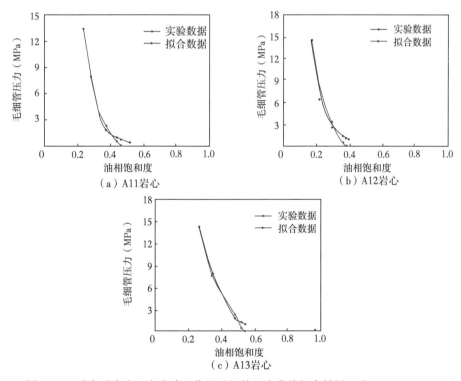

图 6-15 致密砂岩岩心考虑渗吸作用毛细管压力曲线拟合结果（岩心 A11~A13）

基于拟合得到的毛细管压力曲线，由式（6-16）及式（6-17）即可计算考虑渗吸作用影响后的相对渗透率规律曲线，计算结果如图 6-16 所示。可以得到，由于残余油饱和度的降低，考虑渗吸作用后相对渗透率曲线计算结果的两相共渗区明显高于渗吸作用前，并且水相相对渗透率变化较为显著，残余油饱和度下的水相相对渗透率较高；而油相相对渗透率变化趋势与渗吸作用前较为一致，均呈现明显下降的趋势。

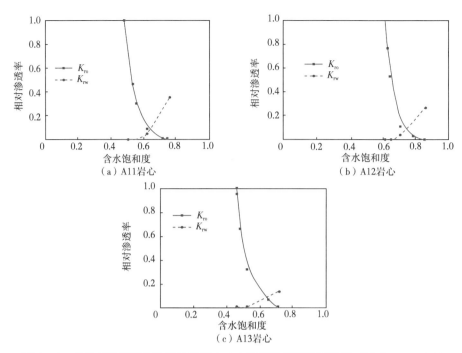

图 6-16　考虑渗吸作用的致密砂岩岩心油水相对渗透率计算结果（岩心 A11～A13）

二、渗吸作用前后相对渗透率曲线对比

渗吸作用导致残余油饱和度降低，进而使得致密砂岩岩心相对渗透率曲线发生了较为明显的变化，二者的相对渗透率规律对比结果如图 6-17 所示。可以看出，与渗吸作用前

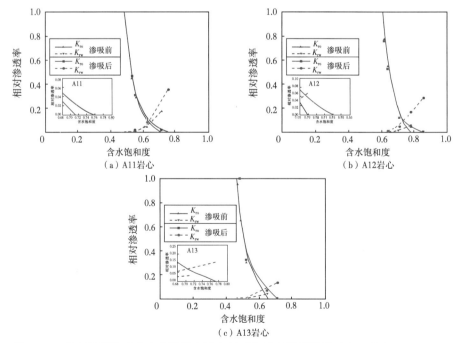

图 6-17　渗吸作用前后致密砂岩岩心油水相对渗透率计算结果对比（岩心 A11～A13）

的相对渗透率曲线相比，渗吸作用使得两相共渗区变大，同时在靠近残余油饱和度时，其油相相对渗透率略高于渗吸作用前的油相相对渗透率。因此，从相对渗透率曲线上即可解释，为什么压裂施工后闷井会提高致密油储层产量，这是渗吸提采的根本原因及内在机理。另一方面，渗吸作用对水相相对渗透率影响较大，其残余油饱和度下相对渗透率高于渗吸作用前的相对渗透率。

第五节 小 结

本章在第五章实验基础上，通过分形理论构建了新的相对渗透率规律表征模型，通过拟合离心法所得到的毛细管压力曲线，进而基于泊肃叶方程计算油水两相相对渗透率曲线。在过程中，结合油驱水及水驱油毛细管压力曲线，解决了常规油水相对渗透率在残余油饱和度下水相相对渗透率为 1 的问题。此外，通过低场核磁技术准确测量了致密砂岩岩心相对渗透率规律曲线，验证了基于分形理论计算相对渗透率曲线的可靠性。并基于此，构建了考虑渗吸作用影响下的相对渗透率规律表征模型，进而进一步解释了渗吸提采的根本原因及内在机理。本章节主要结论如下：

（1）离心过程得到的毛细管压力曲线符合分形特征，可通过拟合分形维数得到符合实验结果的毛细管压力曲线解析解；

（2）致密砂岩岩心数值计算得到相对渗透率曲线与实验得到的相对渗透率曲线具有较好的一致性，而中—高渗透率砂岩岩心其油相相对渗透率数值与实验数值具有一定差异，水相相对渗透率差异不明显；

（3）考虑渗吸作用下的相对渗透率曲线，其残余油饱和度下的油相对渗透率透率略高于渗吸前的油相相对渗透率，扩大的两相共渗区增加了水相相对渗透率。

参 考 文 献

［1］ Buckley S E and Leverett M C. Mechanism of Fluid Displacement in Sands ［J］. Trans, ATME, 1942, 146：107−116.

［2］ Li K W, Horne R N. An Analytical Scaling Method for Spontaneous Imbibition in Gas−water−rock Syste ms ［J］. SPE Journal, 2004, 9 (3)：332−329.

第七章　致密油储层返排规律

从现场致密油储层水平井压裂施工分析可知，致密油储层水平井压裂液的返排效率较低，大量的压裂液滞留在储层中。一般而言，对于致密油等非常规储层的返排特征的研究主要以数值模拟为主，缺少从闷井到返排特征分析的完整性物理模拟研究。本章采用高温高压驱替—核磁共振扫描一体化实验仪器，通过实验模拟了致密油储层由闷井到返排的整个过程，研究了驱替返排过程中致密砂岩岩心内不同时间段含水饱和度分布，解释了压裂液滞留的原因，分析了加压渗吸作用对返排结果的影响，研究结果对认识压裂液滞留有重要意义。

第一节　压裂后返排物理模拟新方法

一、实验样品及实验装置

本次实验所需的岩心分为两种，除选用长 6 组 Y284 区块的致密岩心外，选取了中高渗透率砂岩作为对照组，其渗透率在 21.35mD 左右。

本次实验所用的流体分别为 3 号航空煤油和 2%（质量分数）KCl 氘水溶液。因为氘水溶液在核磁共振测试中无法检测到其信号，因此核磁共振所检测的流体信号均为 3 号航空煤油。其中，氘水（纯度 99.9%）和航空煤油均购自实验材料供应商 Cambridge Isotope Laboratories，两种流体详细物性参数见表 7-1。氯化钾（纯度 ≥ 99.8%）购自国药集团化学试剂有限公司。

表 7-1　实验流体物性参数

流体类型	密度（g/cm³）	黏度（mPa·s）	表面张力（mN/m）
3 号航空煤油	0.83	1.25	26.82
氘水	1.11	2.53	72.75

实验装置为高温高压驱替——核磁共振扫描一体化实验仪器（图 7-1）。该驱替设备最大的特点是将驱替装置与核磁共振扫描装置组合在一起，从而实现对驱替过程的连续监测和扫描，避免了因缺少驱替设备造成的时间间隔的干扰影响，从而可以有效地对致密油储层返排过程实现实时监测与模拟。

高温高压驱替装置［图 7-1（b）、（c）］由江苏华安机械公司生产。该装置采用全自动化电子控制及计量显示，保证了对温度和压力的精确控制，以提高实验结果的准确性。驱替装置由恒压恒速驱替泵、围压跟踪泵、循环加热系统、气体增压系统、回压阀及岩心夹持器组成。驱替压力范围为 0~25MPa，围压范围为 0~30MPa。

核磁共振扫描测试装置为苏州纽迈科技有限公司生产的纽迈 MesoMR 高压驱替核磁共振成像分析仪［图 7-1（a）］，型号为 MacroMR12-150H-I；主要参数为：磁体类型为永磁体，主频率 12.8MHz，磁场强度 0.3T；探头线圈直径 150mm；测试环境温度为 18～22℃；测试采用 CPMG（Carr、Purcell、Meiboom 和 Gill）脉冲序列，主要参数包括回波时间 300μm、间隔时间 3000ms、回波个数 8000，使用 SIRT（联合迭代重建技术）反演算法得到 T_2 谱，该反演算法中，T_2 谱积分面积与累积信号幅值相等。

（a）一体化仪器

（b）恒压恒速驱替泵

（c）温度压力控制器

（d）大口径NMR扫描仪

（e）导磁岩心夹持器

图 7-1　高温高压驱替—核磁共振扫描一体化仪器

二、实验方法

致密油储层压裂施工闷井过程中，由于井底流压远高于储层孔隙流体压力，因此，闷井过程中的渗吸作用并不属于自发渗吸作用。此时压裂后的致密油储层两相流动区可以划分为两个部分（图 7-2）：靠近井底部分的区域，由于压差较大形成滤失区（以滤失作用为主导同时存在渗吸作用）；随着压差的不断降低，在远离裂缝的区域形成带压渗吸区（主要以逆向渗吸为主）。

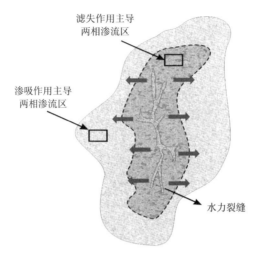

图 7-2　致密油储层压裂后闷井油水两相对渗透率流区划分示意图

根据油水渗流区域划分方法[1-3]，实验时将岩心也分为两部分，通过拼接法将两块岩心组成一整体（图 7-3）。

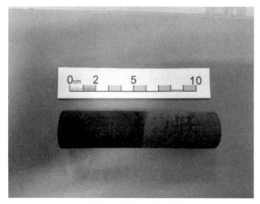

（a）滤失岩心与渗吸岩心

（b）岩心夹持装置

图 7-3　致密油储层压裂后返排实验示意图

具体实验方案见表 7-2，分为三组，第一组实验用于对比中高渗透率砂岩岩心及致密砂岩岩心返排的差异与区别；第二组实验用于对比致密砂岩岩心在自发渗吸条件下与带压渗吸条件下返排的差异与区别；第三组实验用于优化不同返排压力达到最佳返排效果。

完整实验主要涉及三个过程：滤失过程、渗吸过程及返排过程。

1. 构建滤失岩心的实验步骤

（1）饱和油岩心样品置于岩心夹持器中，围压加至 2MPa，使用 MacroMR12-150H-I 型低场核磁共振分析仪测定致密岩心饱和油之后的 T_2 谱；

（2）入口端以恒定流速 0.02mL/min 持续注入 2%KCl 氯水溶液，进行排空，保证管线中没有空气，直到入口端压力达到 1MPa，稳定 1MPa 进行驱替，出口端压力为大气压，围压采用压力跟踪模式，始终保持围压高于入口压 2MPa；

表 7-2　致密油储层带压渗吸返排实验方案

类别	样品	长度（cm）	气测平均测渗透率（mD）	平均氦气孔隙度（%）	附加压力（MPa）
1	F11 D11	2.83	19.25	10.54	5
	F21 D21	2.86	0.057	9.71	5
2	F21 D21	2.91	0.085	12.50	5
	F31 D31	2.84	0.076	16.30	0
3	F21 D21	2.91	0.068	10.54	5
	F41 D41	2.94	0.079	11.23	5
	F51 D51	2.82	0.094	10.36	5
	F61 D61	2.86	0.078	9.36	5

（3）每隔 30~60 分钟监测一次低场核磁 T_2 谱信号，直到岩心出口端见水，并继续驱替；

（4）计算油相采出程度及含水饱和度。

2. 渗吸过程岩心的实验步骤

（1）低场核磁共振分析仪测试饱和油岩心样品初始状态 T_2 谱；

（2）岩心样品与 100mL2%KCl 氘水溶液置于活塞式中间容器，打开中间容器上游阀门和下游阀门；

（3）开启活塞式中间容器的上游和下游的二通阀，然后通过 ISCO 高压高精度柱塞泵以 10mL/min 的恒定流速向中间容器底部持续注入蒸馏水，直到上游的二通阀出液，关闭上游的二通阀；

（4）ISCO 高压高精度柱塞泵切换至恒压工作模式，保持五个活塞式中间容器内压力分别为 0MPa、5MPa；

（5）在设定的时刻取出岩心样品，使用棉纱擦干岩心表面后，测定岩心样品 T_2 谱；

（6）重复步骤（2）~（5），持续测定 25 天，直到实验结束；

（7）将不同时间下测定的 T_2 谱累积信号幅值与煤油质量进行换算，按式（5-1）计算渗吸采出程度及含水饱和度。

3. 返排过程岩心的实验步骤

（1）将渗吸岩心及滤失岩心组合在一起，其中滤失岩心靠近返排驱替端口；

（2）低场核磁共振分析仪测试饱和油岩心样品初始状态 T_2 谱，并分别测试渗吸岩心及滤失岩心初始状态 T_2 谱；

（3）入口端以恒定流速 0.02mL/min 持续注入航空煤油，进行排空，保证管线中没有空气，出口端压力为大气压，围压采用压力跟踪模式，始终保持围压高于入口压 2MPa，完全排空后入口端以恒压模式驱替航空煤油，返排压力实验方案见表 7-2；

（4）每隔 30~60 分钟监测一次总低场核磁 T_2 谱信号，分别测试渗吸岩心及滤失岩心

返排低场核磁 T_2 谱信号；

（5）计算油相采出程度及含水饱和度，进而计算返排率。

第二节　致密砂岩岩心与中—高渗透率砂岩岩心返排对比

一、煤油质量与低场核磁信号标定

煤油质量标定实验结果（图 7-4）显示，核磁共振 T_2 谱累积信号幅值与煤油质量进行换算的经验公式显示出很好的线性相关性（$R^2 = 0.9860$）。

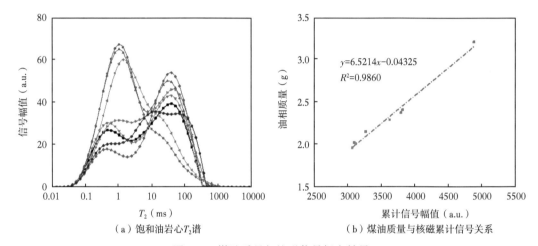

（a）饱和油岩心 T_2 谱　　　　　　　　　（b）煤油质量与核磁累计信号关系

图 7-4　煤油质量与核磁信号标定结果

所测岩心其煤油质量与核磁累计信号呈线性关系。因此，根据实验过程中测得的信号幅值与累计核磁信号即可计算岩心内部含水饱和及油相采出程度。

二、滤失岩心返排前对比（D 代表滤失岩心）

致密砂岩岩心和中—高渗透率砂岩岩心滤失过程 T_2 谱如图 7-5 所示。可以看出，中高渗砂岩岩心 D11 由于孔隙度高，累计核磁信号强，易驱替，8 小时驱替后，其含油饱和度为 36.60%、含水饱和度为 66.78%；而致密砂岩岩心 D21 在驱替 12 小时后，其含油饱和度 53.71%、含水饱和度为 46.29%。致密砂岩不仅驱替难度大，而且驱替时间长，核磁 T_2 图谱变化范围窄。

各核磁孔隙空间内的油相变化如图 7-6 所示。可以看出，中—高渗透率砂岩岩心 D11 在 $100\text{ms} \leqslant T_2 \leqslant 1000\text{ms}$ 的孔隙尺寸范围内，油相质量分数降低了 7.32%；在 $10\text{ms} \leqslant T_2 \leqslant 100\text{ms}$ 的孔隙空间范围内，油相质量分数降低了 14.90%；在 $1\text{ms} \leqslant T_2 \leqslant 10\text{ms}$ 的孔隙空间范围内，油相质量分数降低了 4.39%；在 $0.1\text{ms} \leqslant T_2 \leqslant 1\text{ms}$ 的孔隙空间范围内，油相质量分数降低了 14.79%。总体含水饱和度上升了 66.78%。由于中—高渗透率砂岩岩心物性条件较好，因此在不同尺寸的孔隙范围内，油相饱和度均有较大幅度的降低。而致密砂岩岩心 D21 由于孔隙度和渗透率较小，在 $100\text{ms} \leqslant T_2 \leqslant 1000\text{ms}$ 的孔隙空间范围内，油相质量分

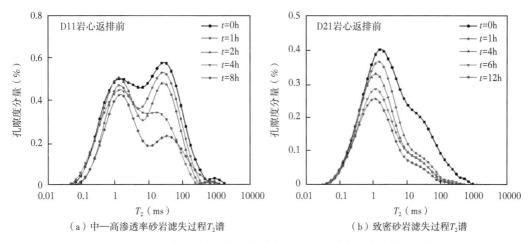

图 7-5　返排前中—高渗透率砂岩与致密砂岩岩心滤失过程 T_2 谱对比

数降低了 7.32%；在 $10ms \leqslant T_2 \leqslant 100ms$ 的孔隙空间范围内，油相质量分数降低了 17.97%；在 $1ms \leqslant T_2 \leqslant 10ms$ 的孔隙空间范围内，油相质量分数降低了 18.22%；在 $0.1ms \leqslant T_2 \leqslant 1ms$ 的孔隙空间范围内，油相质量分数降低了 6.13%。总体含水饱和度上升了 46.29%，低于中—高渗透率砂岩岩心。对比可以发现，致密砂岩岩心油相饱和度在 $0.1ms \leqslant T_2 \leqslant 1ms$ 的孔隙空间范围变化幅度远低于中—高渗透率砂岩岩心。

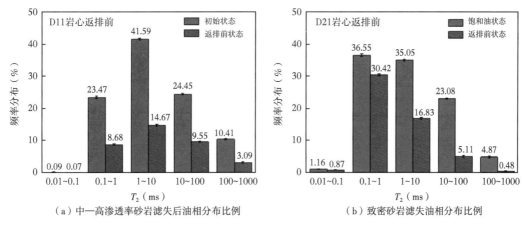

图 7-6　返排前不同孔隙空间中油相分布比例

三、渗吸岩心返排前对比（F 代表渗吸岩心）

致密砂岩岩心和中—高渗透率砂岩岩心渗吸过程 T_2 谱如图 7-7 所示。可以看出，由于中—高渗透率砂岩岩心 F11 孔径大，物性特征好，渗吸作用弱，为保证油水分布效果，F11 岩心仍为驱替过程构建油水两相分布，F21 岩心为致密砂岩加压渗吸过程构建油水两相分布。由图 7-7 可知，中—高渗透率砂岩岩心 F11 其滤失过程导致的 T_2 谱图变化与D11 类似，在 $0.1ms \leqslant T_2 \leqslant 1000ms$ 的孔隙空间范围内均有明显变化，而致密砂岩岩心 C21

在加压渗吸作用下，初期 T_2 谱变化明显，随着时间的增加，在 7 天左右达到稳定状态，此时 T_2 谱在 $0.1\text{ms} \leqslant T_2 \leqslant 1000\text{ms}$ 的孔隙空间范围内也发生明显变化。

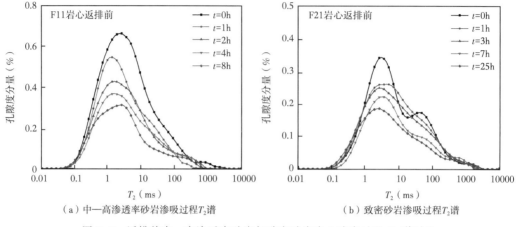

（a）中—高渗透率砂岩渗吸过程 T_2 谱　　　　（b）致密砂岩渗吸过程 T_2 谱

图 7-7　返排前中—高渗透率砂岩与致密砂岩岩心滤失过程 T_2 谱对比

各孔隙尺寸范围内的油相变化如图 7-8 所示。可以看出，中—高渗透率砂岩岩心 F11 在 $100\text{ms} \leqslant T_2 \leqslant 1000\text{ms}$ 的孔隙空间范围内，油相质量分数降低了 4.11%；在 $10\text{ms} \leqslant T_2 \leqslant 100\text{ms}$ 的孔隙空间范围内，油相质量分数降低了 13.55%；在 $1\text{ms} \leqslant T_2 \leqslant 10\text{ms}$ 的孔隙空间范围内，油相质量分数降低了 30.26%；在 $0.1\text{ms} \leqslant T_2 \leqslant 1\text{ms}$ 的孔隙空间范围内，油相质量分数降低了 18.47%。总体含水饱和度上升了 66.79%。而致密砂岩岩心 F21 在 $100\text{ms} \leqslant T_2 \leqslant 1000\text{ms}$ 的孔隙空间范围内，油相质量分数降低了 3.47%；在 $10\text{ms} \leqslant T_2 \leqslant 100\text{ms}$ 的孔隙空间范围内，油相质量分数降低了 11.94%；在 $1\text{ms} \leqslant T_2 \leqslant 10\text{ms}$ 的孔隙空间范围内，油相质量分数降低了 19.38%；在 $0.1\text{ms} \leqslant T_2 \leqslant 1\text{ms}$ 的孔隙空间范围内，油相质量分数降低了 0.39%。总体含水饱和度上升了 45.20%。渗吸作用导致的含水饱和度的变化与驱替作用相差不大，但是二者不同孔隙尺寸空间的含水饱和度变化不同。驱替作用对较大的孔隙空间驱替效果较为明显，而对于渗吸岩心而言，由于孔喉较大，毛细管压力作用较弱，因此

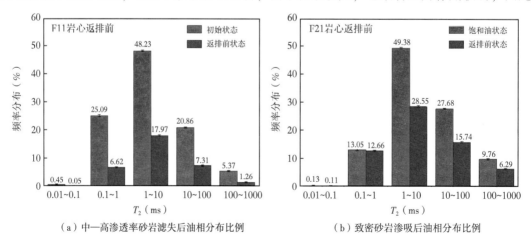

（a）中—高渗透率砂岩滤失后油相分布比例　　　（b）致密砂岩渗吸后油相分布比例

图 7-8　返排前不同孔隙空间中油相分布比例

渗吸岩心的含水饱和度变化主要由小孔隙贡献。而在 $0.1ms \leqslant T_2 \leqslant 1ms$ 的孔隙空间范围内，含水饱和度变化缺不明显。这是因为对于更小的孔隙空间，在成藏过程中，由于不同油湿性矿物质的影响，使其呈现混合润湿的状态，因此渗吸作用不明显，进而导致水相难以进入小孔隙，含水饱和度的变化也就不明显。

综上，中—高渗透率砂岩及致密砂岩总体油相变化量如图 7-9 所示。可以看出，中高渗透率砂岩岩心 F11 及 D11 整体油相变化量在 $100ms \leqslant T_2 \leqslant 1000ms$ 的孔隙空间范围内，油相质量分数降低了 5.71%；在 $10ms \leqslant T_2 \leqslant 100ms$ 的孔隙空间范围内，油相质量分数降低了 14.22%；在 $1ms \leqslant T_2 \leqslant 10ms$ 的孔隙空间范围内，油相质量分数降低了 28.59%；在 $0.1ms \leqslant T_2 \leqslant 1ms$ 的孔隙空间范围内，油相质量分数降低了 16.63%。总体含水饱和度上升了 65.33%。致密砂岩砂岩岩心 F21 及 D21 整体油相变化量在 $100ms \leqslant T_2 \leqslant 1000ms$ 的孔隙空间范围内，油相质量分数降低了 3.93%；在 $10ms \leqslant T_2 \leqslant 100ms$ 的孔隙空间范围内，油相质量分数降低了 14.95%；在 $1ms \leqslant T_2 \leqslant 10ms$ 的孔隙空间范围内，油相质量分数降低了 22.53%；在 $0.1ms \leqslant T_2 \leqslant 1ms$ 的孔隙空间范围内，油相质量分数降低了 3.26%。总体含水饱和度上升了 44.86%。

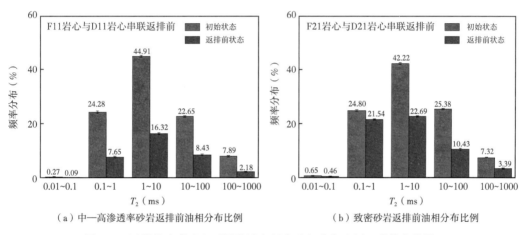

（a）中—高渗透率砂岩返排前油相分布比例　　　（b）致密砂岩返排前油相分布比例

图 7-9　返排前串联岩心不同孔隙空间中油相分布比例（总体变化量）

四、中—高渗透率砂岩与致密砂岩返排结果对比

将滤失岩心与渗吸岩心按实验方案拼接完成后，进行返排实验，核磁 T_2 谱实验结果如图 7-10 至图 7-12 所示。可以看出，中—高渗透率砂岩返排过程中，返排驱替时间短，返排效果好，返排过程中不同时间段的 T_2 谱图变化间隔明显，在返排驱替 4 小时后，主要的 T_2 谱变化以 $10ms \leqslant T_2 \leqslant 1000ms$ 的孔隙空间为主，部分 $1ms \leqslant T_2 \leqslant 10ms$ 的孔隙空间也有一定量核磁变化；而致密砂岩岩心在返排 24 小时后，核磁 T_2 谱仅在渗吸岩心出现了较明显的差异，此外由于其物性条件差，压力传导慢，因此滤失部分的岩心的返排效果弱于渗吸部分的岩心。并且整个返排过程中，由于致密砂岩岩心偏水湿，毛细管压力在返排过程中成为阻力，因此，T_2 谱图变化范围以 $10ms \leqslant T_2 \leqslant 1000ms$ 的孔隙空间为主，在 $1ms \leqslant T_2 \leqslant 10ms$ 的孔隙空间几乎没有明显变化。

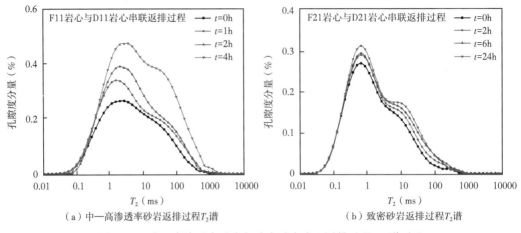

图 7-10　中—高渗透率砂岩与致密砂岩岩心返排过程 T_2 谱对比

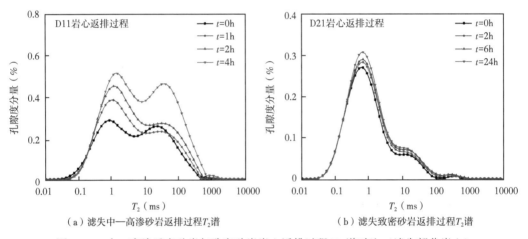

图 7-11　中—高渗透率砂岩与致密砂岩岩心返排过程 T_2 谱对比（滤失部分岩心）

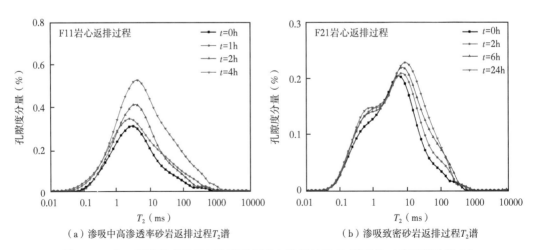

图 7-12　中—高渗透率砂岩与致密砂岩岩心返排过程 T_2 谱对比（渗吸部分岩心）

各部分孔隙空间的变化幅值如图 7-13 至图 7-15 所示。由图 7-13 可知，中—高渗透率砂岩岩心 C11 及 D11 整体在 $100ms \leqslant T_2 \leqslant 1000ms$ 的孔隙空间范围内，油相质量分数增加了 5.44%；在 $10ms \leqslant T_2 \leqslant 100ms$ 的孔隙空间范围内，油相质量分数增加了 12.70%；在 $1ms \leqslant T_2 \leqslant 10ms$ 的孔隙空间范围内，油相质量分数增加了 10.55%；在 $0.1ms \leqslant T_2 \leqslant 1ms$ 的孔隙空间范围内，油相质量分数增加了 3.76%。总体含水饱和度上升了 32.45%，返排率可以达到 49.67%。致密砂岩岩心 C21 及 D21 整体在 $100ms \leqslant T_2 \leqslant 1000ms$ 的孔隙空间范围内，油相质量分数增加了 1.50%；在 $10ms \leqslant T_2 \leqslant 100ms$ 的孔隙空间范围内，油相质量分数增加了 3.67%；在 $1ms \leqslant T_2 \leqslant 10ms$ 的孔隙容间范围内，油相质量分数增加了 2.52%；在 $0.1ms \leqslant T_2 \leqslant 1ms$ 的孔隙空间范围内，油相质量分数增加了 1.51%。总体含水饱和度上升了 9.25%，返排率可以达到 20.61%。

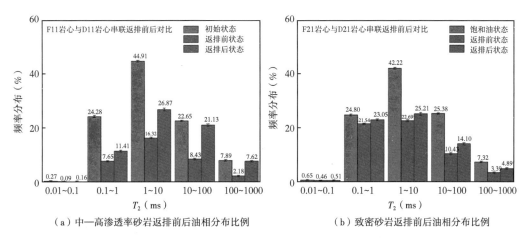

（a）中—高渗透率砂岩返排前后油相分布比例　　　（b）致密砂岩返排前后油相分布比例

图 7-13 返排前后不同孔隙空间中油相分布比例（总体返排量）

由图 7-14 可知，滤失部分的中—高渗透率砂岩岩心 D11 在 $100ms \leqslant T_2 \leqslant 1000ms$ 的孔隙空间范围内，油相质量分数增加了 5.79%；在 $10ms \leqslant T_2 \leqslant 100ms$ 的孔隙空间范围内，油相质量分数增加了 12.83%；在 $1ms \leqslant T_2 \leqslant 10ms$ 的孔隙空间范围内，油相质量分数增加了 8.47%；在 $0.1ms \leqslant T_2 \leqslant 1ms$ 的孔隙空间范围内，油相质量分数增加了 4.99%。总体含水

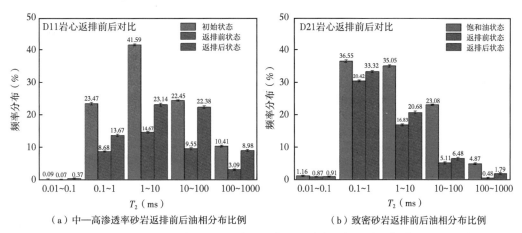

（a）中—高渗透率砂岩返排前后油相分布比例　　　（b）致密砂岩返排前后油相分布比例

图 7-14 返排前后不同孔隙空间中油相分布比例（滤失部分）

饱和度上升了32.08%，返排率可以达到48.03%。而致密砂岩岩心 D21 在 100ms≤T_2≤1000ms 的孔隙空间范围内，油相质量分数增加了1.31%；在 10ms≤T_2≤100ms 的孔隙空间范围内，油相质量分数增加了1.37%；在 1ms≤T_2≤10ms 的孔隙空间范围内，油相质量分数增加了3.85%；在 0.1ms≤T_2≤1ms 的孔隙空间范围内，油相质量分数增加了2.90%。总体含水饱和度上升了45.2%，返排率为20.37%。

由图 7-15 可知，中—高渗透率砂岩岩心 C11 在 100ms≤T_2≤1000ms 的孔隙空间范围内，油相质量分数增加了3.62%；在 10ms≤T_2≤100ms 的孔隙空间范围内，油相质量分数增加了12.63%；在 1ms≤T_2≤10ms 的孔隙空间范围内，油相质量分数增加了8.47%；在 0.1ms≤T_2≤1ms 的孔隙空间范围内，油相质量分数增加了2.52%。总体含水饱和度上升了27.53%，返排率达到41.22%。而致密砂岩岩心 C21 在 100ms≤T_2≤1000ms 的孔隙空间范围内，油相质量分数增加了1.70%；在 10ms≤T_2≤100ms 的孔隙空间范围内，油相质量分数增加了9.04%；在 1ms≤T_2≤10ms 的孔隙空间范围内，油相质量分数增加了1.18%；在 0.1ms≤T_2≤1ms 的孔隙空间范围内，油相质量分数增加了0.03%。总体含水饱和度上升了45.2%，返排率为26.46%。

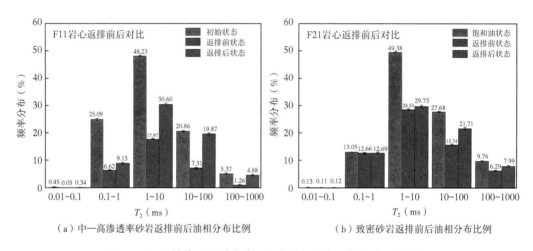

（a）中—高渗透率砂岩返排前后油相分布比例　　（b）致密砂岩返排前后油相分布比例

图 7-15　返排前后不同孔隙空间中油相分布比例（渗吸部分）

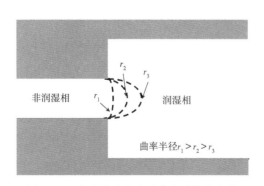

图 7-16　大小孔隙交会处曲率半径的变化

对比可以发现，中—高渗透率砂岩岩心返排率远高于致密砂岩岩心，由于致密砂岩孔隙结构复杂，返排率低，返排率约为20%，返排孔隙空间以 10ms≤T_2≤1000ms 的孔隙空间范围为主，大量的压裂液滞留在岩心内（0.1ms≤T_2≤10ms 的孔隙空间范围）。这是因为对于水湿性岩心，毛细管压力在返排过程中为阻力，孔隙越小，阻力作用越大，此外非润湿相驱替润湿相从直径小的孔隙进入直径大的孔隙时，在大小孔隙的交会处，由于两相弯液面的曲率半径由大变小，所以毛细管压力会极速上升（图 7-16）。同时毛细管压力的方向由润湿相指向非润湿相，与驱替方向相反，为润湿相进入大孔隙的阻力。驱替返排实验中，水为润湿相，没有为非润湿相。孔隙尺寸的跃变，使得水从小孔隙进入大孔隙时，受到与返排方向相反的毛细管压力快速增大，难以返排流出岩心。

第三节　自发渗吸与带压渗吸返排对比

一、滤失岩心返排前对比（D 代表滤失岩心）

致密砂岩自发渗吸岩心和带压渗吸岩心滤失过程 T_2 谱如图 7-17 所示。可以看出，致密砂岩自发渗吸与带压渗吸岩心 D21 及 D31 在驱替 12 小时后，核磁 T_2 谱变化规律类似，驱替 1 小时后，核磁 T_2 谱即发生明显变化，随着后续的驱替时间增长，核磁 T_2 谱变化的范围越来越小。

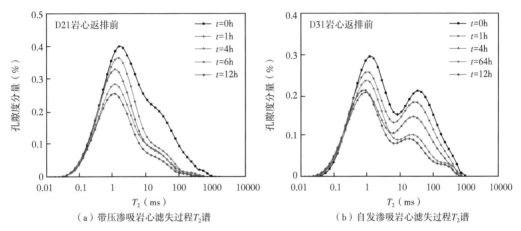

（a）带压渗吸岩心滤失过程T_2谱　　　　（b）自发渗吸岩心滤失过程T_2谱

图 7-17　返排前致密砂岩自发渗吸与致密砂岩带压渗吸滤失过程 T_2 谱对比

可以看出，致密砂岩带压渗吸岩心岩心 D21 在不同孔隙空间内的油相变化规律如图7-17所示，各核磁孔隙空间内的油相变化如图 7-18 所示。而致密砂岩自发渗吸岩心 D31 在 $100\mathrm{ms} \leqslant T_2 \leqslant 1000\mathrm{ms}$ 的孔隙空间范围内，油相质量分数降低了 7.60%；在 $10\mathrm{ms} \leqslant T_2 \leqslant$

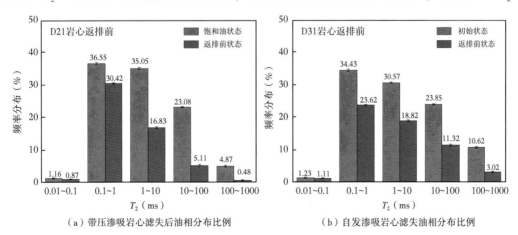

（a）带压渗吸岩心滤失后油相分布比例　　　　（b）自发渗吸岩心滤失油相分布比例

图 7-18　返排前不同孔隙空间中油相分布比例

100ms 的孔隙空间范围内，油相质量分数降低了 12.53%；在 $1ms \leqslant T_2 \leqslant 10ms$ 的孔隙空间范围内，油相质量分数降低了 11.75%；在 $0.1ms \leqslant T_2 \leqslant 1ms$ 的孔隙空间范围内，油相质量分数降低了 10.81%。总体含水饱和度上升了 42.81%，与岩心 C21 的含水饱和度相差不大。

二、渗吸岩心返排前对比（F 代表渗吸岩心）

带压渗吸和自发渗吸岩心返排前 T_2 谱如图 7-19 所示。可以看出，自发渗吸及带压渗吸过程在初期过程均进行得很快，并且主要以小孔隙空间为主（$1ms \leqslant T_2 \leqslant 10ms$），当渗吸时间超过 7 天以后，渗吸效率开始减缓，T_2 谱随时间增加的累积积分面积逐渐开始降低。但是，在附加压力的作用下，带压渗吸岩心中，其渗吸作用明显高于自发渗吸岩心，即外界附加压力强化了渗吸作用，使得带压渗吸岩心中的含水饱和度从上升速率及累计进入量均高于自发渗吸岩心，测定 T_2 谱变化幅度更大。此外，由于带压渗吸作用强化了渗吸作用，外加压力加快了达到渗吸时间拐点的时间。因此，带压渗吸岩心的油水置换作用强于自发渗吸过程，带压渗吸岩心不同部分孔隙尺寸空间油相变化量高于自发渗吸岩心。

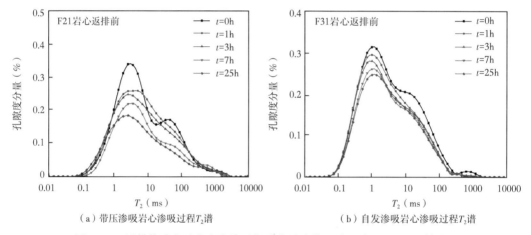

（a）带压渗吸岩心渗吸过程T_2谱　　　（b）自发渗吸岩心渗吸过程T_2谱

图 7-19　返排前致密砂岩自发渗吸与致密砂岩带压渗吸渗吸过程 T_2 谱对比

各孔隙尺寸范围内的油相变化如图 7-20 所示。可以看出，致密砂岩带压渗吸岩心岩心 F21 在不同孔隙空间内的油相变化规律，加压渗吸后的含水饱和度可达 45.20%。自发渗吸岩心 F31 在 $100ms \leqslant T_2 \leqslant 1000ms$ 的孔隙空间范围内，油相质量分数降低了 2.72%（F21 为 3.67%）；在 $10ms \leqslant T_2 \leqslant 100ms$ 的孔隙空间范围内，油相质量分数降低了 10.84%（F21 为 11.94%）；在 $1ms \leqslant T_2 \leqslant 10ms$ 的孔隙空间范围内，油相质量分数降低了 8.88%（F21 为 20.83%）；在 $0.1ms \leqslant T_2 \leqslant 1ms$ 的孔隙空间范围内，油相质量分数降低了 4.48%（F21 为 0.39%）。总体含水饱和度上升了 27.33%，远小于加压渗吸岩心（42.20%）。这一变化规律与致密岩心样品应力敏感特征有关，即当存在附加压力时，致密砂岩岩心有效孔隙半径小于原始状态无压力状态的孔隙半径。根据毛细管力计算公式（$p_c = 2\sigma\cos\theta/r$）可知，在表面张力和接触角不变条件下，孔隙半径随净压力变化规律直接决定毛细管压力变化规律。因此，对于水湿性岩心而言，带压自发渗吸过程的主要驱动力（毛细管压力）相比于自发渗吸过程会显著增加，提高吸水速率，增加渗吸采出程度。其中一个重要原因是致密岩心样品存在应力敏感特征，产生了强化的渗吸作用。

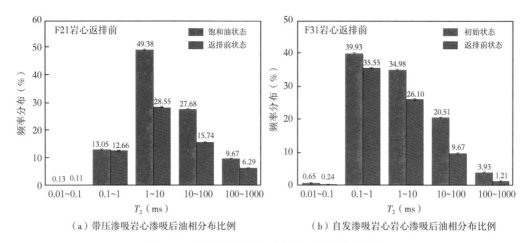

（a）带压渗吸岩心渗吸后油相分布比例　　　　　　（b）自发渗吸岩心岩心渗吸后油相分布比例

图 7-20　返排前不同孔隙空间中油相分布比例

综上，带压渗吸及自发渗吸总体油相变化量如图 7-21 所示。可以看出，致密砂岩带压渗吸岩心 F21 及 D21 在不同孔隙空间的油相变化量与本章第二节相同。而致密砂岩自发渗吸岩心岩心 F31 及 D31 整体油相变化量在 $100\mathrm{ms} \leqslant T_2 \leqslant 1000\mathrm{ms}$ 的孔隙空间范围内，油相质量分数降低了 5.16%；在 $10\mathrm{ms} \leqslant T_2 \leqslant 100\mathrm{ms}$ 的孔隙空间范围内，油相质量分数降低了 11.68%；在 $1\mathrm{ms} \leqslant T_2 \leqslant 10\mathrm{ms}$ 的孔隙空间范围内，油相质量分数降低了 10.23%；在 $0.1\mathrm{ms} \leqslant T_2 \leqslant 1\mathrm{ms}$ 的孔隙空间范围内，油相质量分数降低了 7.59%。总体含水饱和度上升了 34.92%。

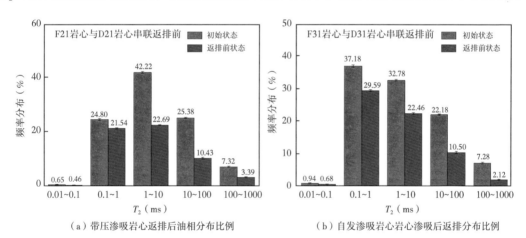

（a）带压渗吸岩心返排后油相分布比例　　　　　　（b）自发渗吸岩心岩心渗吸后返排分布比例

图 7-21　返排前致密砂岩岩心返排不同孔隙空间中油相分布比例（总体变化量）

三、带压渗吸与自发渗吸返排结果对比

带压渗吸与自发渗吸返排核磁 T_2 谱实验结果如图 7-22 至图 7-24 所示。可以看出，致密砂岩返排过程中，带压渗吸岩心和自发渗吸岩心返排过程 T_2 谱变化随时间变化程度差异性不明显，主要的 T_2 谱变化仍以 $10\mathrm{ms} \leqslant T_2 \leqslant 1000\mathrm{ms}$ 的孔隙空间为主，$1\mathrm{ms} \leqslant T_2 \leqslant 10\mathrm{ms}$ 的孔隙空间的核磁变化幅值较小，几乎无明显变化；$0.1\mathrm{ms} \leqslant T_2 \leqslant 1\mathrm{ms}$ 部分的孔隙空间的核磁在返排 24 小时后仍旧无明显变化，说明致密砂岩岩心返排过程中，主要的返排贡献区间以中大

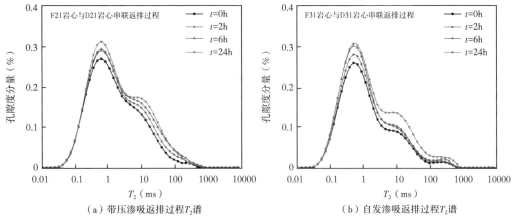

（a）带压渗吸返排过程T_2谱　　　　　　　　　（b）自发渗吸返排过程T_2谱

图 7-22　致密砂岩带压渗吸与自发渗吸返排过程 T_2 谱对比

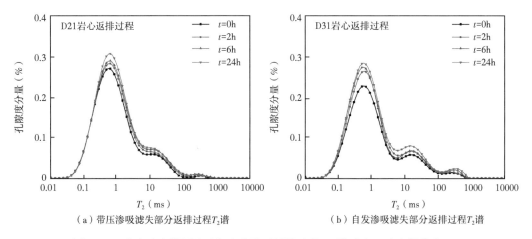

（a）带压渗吸滤失部分返排过程T_2谱　　　　　（b）自发渗吸滤失部分返排过程T_2谱

图 7-23　致密砂岩带压渗吸与自发渗吸返排过程 T_2 谱对比（滤失部分岩心）

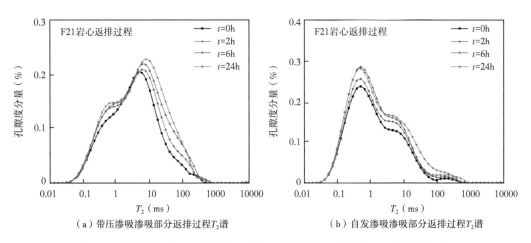

（a）带压渗吸渗吸部分返排过程T_2谱　　　　　（b）自发渗吸渗吸部分返排过程T_2谱

图 7-24　致密砂岩带压渗吸与自发渗吸返排过程 T_2 谱对比（渗吸部分岩心）

孔隙为主，而渗吸阶段大量的压裂液进入了较小的孔喉（$0.1ms \leq T_2 \leq 10ms$ 的孔隙空间），因此这部分孔隙空间的压裂液无法被排出，从而滞留在岩心内部。由于致密砂岩岩心物性条件差，压力传导慢，因此滤失部分的岩心其返排效果弱于渗吸部分岩心。

各部分孔隙空间的变化幅值如图7-25至图7-27所示。可以看出，致密砂岩带压渗吸岩心 F21 及 D21 整体油相体积变化及返排后油相体积变化，返排率可以达到20.61%。致密砂岩自发渗吸岩心 F31 及 D31 整体在 $100ms \leq T_2 \leq 1000ms$ 的孔隙空间范围内，油相质量分数增加了 1.47%；在 $10ms \leq T_2 \leq 100ms$ 的孔隙空间范围内，油相质量分数增加了 1.53%；在 $1ms \leq T_2 \leq 10ms$ 的孔隙空间范围内，油相质量分数增加了 3.52%；在 $0.1ms \leq T_2 \leq 1ms$ 的孔隙空间范围内，油相质量分数增加了 2.23%。总体含水饱和度上升了 8.86%，返排率可以达到25.37%，高于加压渗吸岩心返排率。

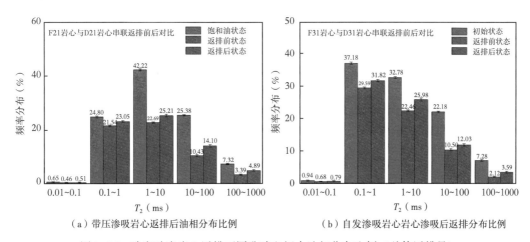

（a）带压渗吸岩心返排后油相分布比例　　　（b）自发渗吸岩心岩心渗吸后返排分布比例

图7-25　致密砂岩岩心返排不同孔隙空间中油相分布比例（总体返排量）

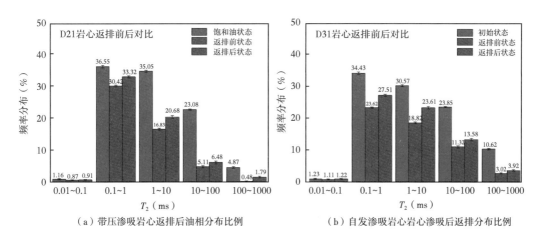

（a）带压渗吸岩心返排后油相分布比例　　　（b）自发渗吸岩心岩心渗吸后返排分布比例

图7-26　致密砂岩岩心返排不同孔隙空间中油相分布比例（滤失部分）

滤失部分岩心 D21 在各部分孔隙空间油相质量变化分数如图7-26所示，返排率可以达到20.37%。而自发渗吸岩心 D31 在 $100ms \leq T_2 \leq 1000ms$ 的孔隙空间范围内，油相质量分数增加了 0.90%；在 $10ms \leq T_2 \leq 100ms$ 的孔隙空间范围内，油相质量分数增加了 2.26%；在 $1ms \leq T_2 \leq 10ms$ 的孔隙空间范围内，油相质量分数增加了 4.79%；在 $0.1ms \leq$

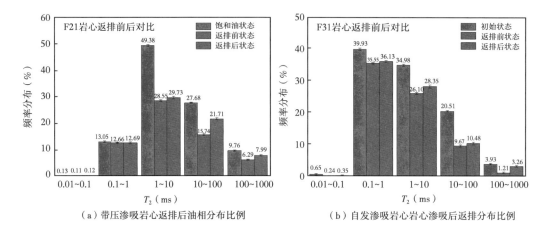

（a）带压渗吸岩心返排后油相分布比例   （b）自发渗吸岩心岩心渗吸后返排分布比例

图 7-27　致密砂岩岩心返排不同孔隙空间中油相分布比例（渗吸部分）

$T_2 \leqslant 1ms$ 的孔隙空间范围内，油相质量分数增加了 3.89%。总体含水饱和度上升了 11.95%，返排率为 27.91%。

渗吸部分的油量质量变化分数变化如图 7-27 所示，带压渗吸岩心 F21 返排率为 26.46%。而自发渗吸岩心 D31 在 $100ms \leqslant T_2 \leqslant 1000ms$ 的孔隙空间范围内，油相质量分数增加了 2.05%；在 $10ms \leqslant T_2 \leqslant 100ms$ 的孔隙空间范围内，油相质量分数增加了 0.81%；在 $1ms \leqslant T_2 \leqslant 10ms$ 的孔隙空间范围内，油相质量分数增加了 2.25%；在 $0.1ms \leqslant T_2 \leqslant 1ms$ 的孔隙空间范围内，油相质量分数增加了 0.58%。总体含水饱和度上升了 5.78%，返排率为 21.14%。

对比带压渗吸和自发渗吸返排率可以发现，带压渗吸返排率低于自发渗吸返排率，大量的压裂液滞留在岩心内（$0.1ms \leqslant T_2 \leqslant 10ms$ 的孔隙空间范围）。除了返排时毛细管压力是阻力的原因外，需克服毛细管压力，润湿相才能运移，此外由于附加压力的作用，孔隙直径变小，相应孔隙空间内的毛细管压力被强化，渗吸作用导致的液相流体进入量高于自发渗吸岩心，因此，同样孔隙范围内的润湿性流体滞留下来无法返排。

第四节　带压渗吸返排压力优化

由本章第一节可知，设置的返排压力分别为 1MPa、2MPa、4MPa 及 6MPa。

一、滤失岩心返排前对比（D 代表滤失岩心）

致密砂岩 D21、D41、D51 及 D61 滤失过程 T_2 谱如图 7-28 所示。各核磁 T_2 谱变化规律类似。初期驱替效果远高于后期，见水后不同时间点的核磁 T_2 谱所包裹的面积逐渐减小。

各核磁孔隙空间内的油相变化如图 7-29 所示。而致密砂岩岩心 D41、D51 及 D61 在 $100ms \leqslant T_2 \leqslant 1000ms$ 的孔隙空间范围内，油相质量分数分别降低了 3.95%、6.28% 及 2.06%；在 $10ms \leqslant T_2 \leqslant 100ms$ 的孔隙空间范围内，油相质量分数分别降低了 6.68%、16.11% 及 14.06%；在 $1ms \leqslant T_2 \leqslant 10ms$ 的孔隙空间范围内，油相质量分数分别降低了 13.88%、10.61% 及 24.43%；在 $0.1ms \leqslant T_2 \leqslant 1ms$ 的孔隙空间范围内，油相质量分数分别

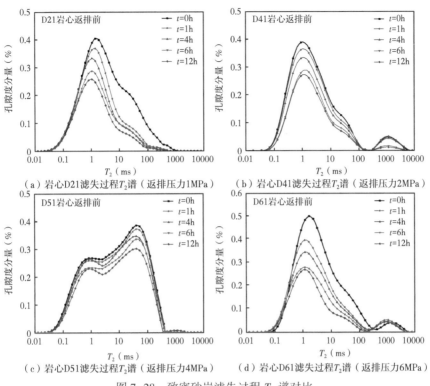

图 7-28 致密砂岩滤失过程 T_2 谱对比

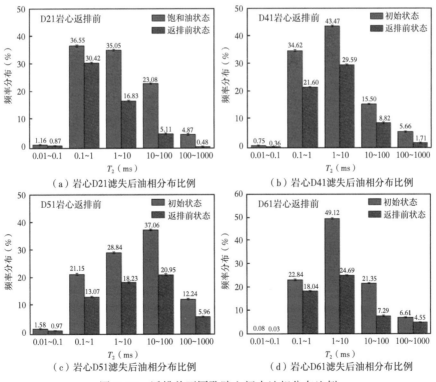

图 7-29 返排前不同孔隙空间中油相分布比例

降低了 13.02%、8.08% 及 4.80%。D41、D51 及 D61 岩心的总体含水饱和度分别上升了 37.92%、41.69% 及 45.40%，与 D21 总体含水饱和度相差不大（46.29%）。

二、渗吸岩心返排前对比（F 代表滤失岩心）

致密砂岩 F21、F41、F51 及 F61 渗吸过程 T_2 谱如图 7-30 所示。可以看出，致密砂岩岩心 F21、F41、F51 及 F61 带压渗吸过程 T_2 谱变化规律类似，均在初期过程均进行得很快，渗吸的主要贡献仍以小孔隙空间为主（$1ms \leq T_2 \leq 10ms$），当渗吸时间超过 7 天以后，渗吸速率开始减缓，T_2 谱的随时间的增加累积积分面积逐渐开始降低，各时间点 T_2 谱所包围的面积逐渐减小，说明对于此类致密砂岩岩心，在 5MPa 的附加压力下，7 天是达到渗吸拐点的平衡时间。

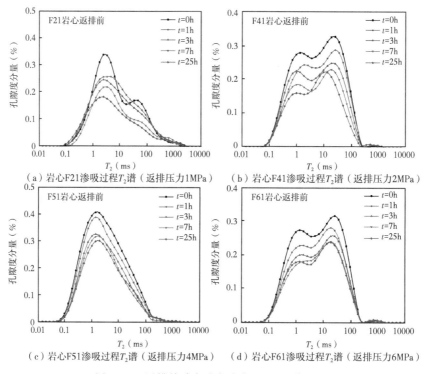

（a）岩心F21渗吸过程T_2谱（返排压力1MPa）　（b）岩心F41渗吸过程T_2谱（返排压力2MPa）

（c）岩心F51渗吸过程T_2谱（返排压力4MPa）　（d）岩心F61渗吸过程T_2谱（返排压力6MPa）

图 7-30　返排前致密砂岩滤失过程 T_2 谱对比

各孔隙尺寸范围内的油相变化如图 7-31 所示。而致密砂岩岩心 F41、F51 及 C61 在 $100ms \leq T_2 \leq 1000ms$ 的孔隙空间范围内，油相质量分数分别降低了 2.06%、1.17% 及 1.54%；在 $10ms \leq T_2 \leq 100ms$ 的孔隙空间范围内，油相质量分数分别降低了 16.80%、9.85% 及 15.08%；在 $1ms \leq T_2 \leq 10ms$ 的孔隙空间范围内，油相质量分别分数降低了 12.64%、17.35% 及 14.78%；在 $0.1ms \leq T_2 \leq 1ms$ 的孔隙空间范围内，油相质量分数分别降低了 7.70%、12.27% 及 7.66%。F41、F51 及 F61 岩心的总体含水饱和度分别上升了 39.28%、40.92% 及 39.19%，与 F21 总体含水饱和度相差不大（45.20%）。

综上，带压渗吸及自发渗吸总体油相变化量如图 7-32 所示。可以看出，致密砂岩吸岩心 F21 及 D21 在不同孔隙空间的油相总变化量由本章第二节所示（总含水饱和度

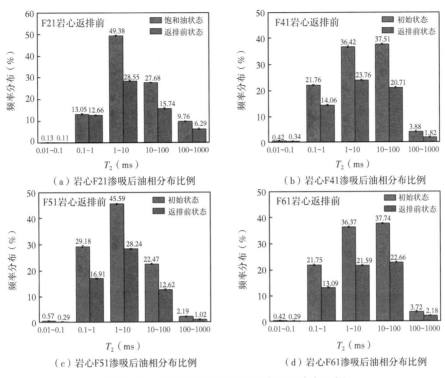

图 7-31 返排前不同孔隙空间中油相分布比例

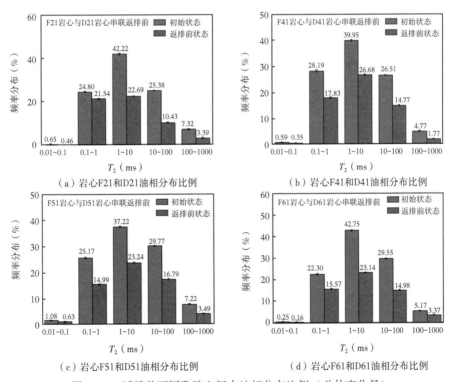

图 7-32 返排前不同孔隙空间中油相分布比例（总体变化量）

44.86%)。而致密砂岩自发渗吸岩心岩心 F41 和 D41、F51 和 D51 及 F61 和 D61 整体油相变化量在 $100\text{ms} \leqslant T_2 \leqslant 1000\text{ms}$ 的孔隙空间范围内，油相质量分数分别降低了 3.00%、3.73% 及 1.80%；在 $10\text{ms} \leqslant T_2 \leqslant 100\text{ms}$ 的孔隙空间范围内，油相质量分数分别降低了 11.74%、12.98% 及 14.57%；在 $1\text{ms} \leqslant T_2 \leqslant 10\text{ms}$ 的孔隙空间范围内，油相质量分数分别降低了 13.27%、13.98% 及 19.61%；在 $0.1\text{ms} \leqslant T_2 \leqslant 1\text{ms}$ 的孔隙空间范围内，油相质量分数分别降低了 10.36%、10.18% 及 6.73%。总体含水饱和度上升了 38.61%、41.32% 及 42.80%。

三、返排压力优化结果对比

返排压力优化核磁 T_2 谱实验结果如图 7-33 至图 7-35 所示。可以看出，在 1MPa 的返排压力下，致密砂岩返排过程中，F21 和 D21 在返排过程整体 T_2 谱变化随时间变化程度差异性不明显，随着驱替时间的增加后期才出现明显的核磁 T_2 谱变化。随着返排压力的增加，整体 T_2 谱变化随时间变化程度开始出现较为明显的变化；但当返排压力增加到 4MPa 时，T_2 谱变化趋势逐渐趋向于平缓，这是因为，低孔隙度、低渗透率的致密砂岩岩心，供液能力有限，即使增大返排压力，也并不能有效地增加岩石空间的流动速度及返排效率。各返排压裂下主要的 T_2 谱变化仍以 $10\text{ms} \leqslant T_2 \leqslant 1000\text{ms}$ 的孔隙空间为主，其次是

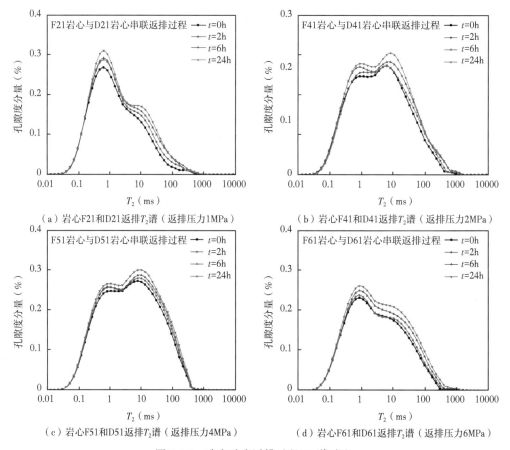

图 7-33　致密砂岩返排过程 T_2 谱对比

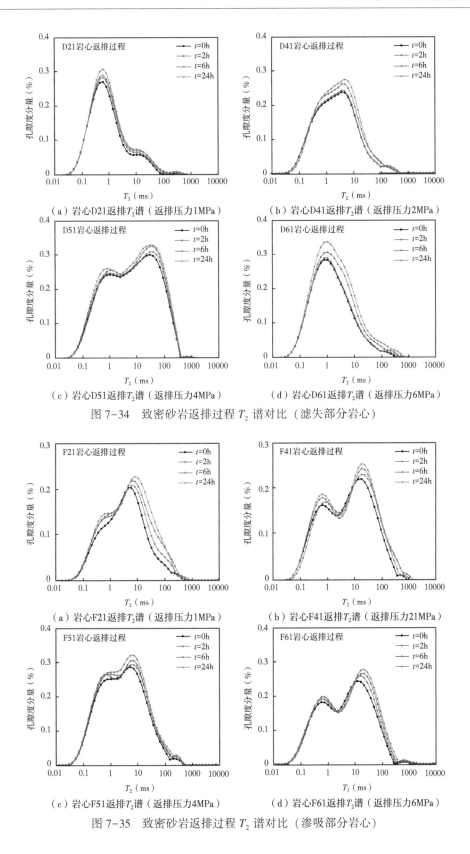

（a）岩心D21返排T_2谱（返排压力1MPa）

（b）岩心D41返排T_2谱（返排压力2MPa）

（c）岩心D51返排T_2谱（返排压力4MPa）

（d）岩心D61返排T_2谱（返排压力6MPa）

图7-34 致密砂岩返排过程T_2谱对比（滤失部分岩心）

（a）岩心F21返排T_2谱（返排压力1MPa）

（b）岩心F41返排T_2谱（返排压力21MPa）

（c）岩心F51返排T_2谱（返排压力4MPa）

（d）岩心F61返排T_2谱（返排压力6MPa）

图7-35 致密砂岩返排过程T_2谱对比（渗吸部分岩心）

$1\text{ms} \leqslant T_2 \leqslant 10\text{ms}$ 的孔隙空间；$0.1\text{ms} \leqslant T_2 \leqslant 1\text{ms}$ 部分的孔隙空间的核磁在返排 24 小时几乎无明显变化，说明致密砂岩岩心返排过程中，主要的返排贡献区间以中大孔隙为主，而渗吸阶段大量的压裂液进入了较小的孔喉（$0.1\text{ms} \leqslant T_2 \leqslant 10\text{ms}$ 的孔隙空间），如图 7-34 及图 7-35 所示。

各部分孔隙空间的变化幅值如图 7-36 至图 7-38 所示。可以看出，致密砂岩带压渗吸岩心 F21 及 D21 整体油相体积变化及返排后油相体积变化如本章第二节所示，返排率可以达到 20.61%。致密砂岩岩心 F41 和 D41、F51 和 D51 及 F61 和 D61 整体在 $100\text{ms} \leqslant T_2 \leqslant 1000\text{ms}$ 的孔隙空间范围内，油相质量分数分别增加了 0.62%、1.38% 及 0.79%；在 $10\text{ms} \leqslant T_2 \leqslant 100\text{ms}$ 的孔隙空间范围内，油相质量分数分别增加了 4.46%、6.14% 及 4.43%；在 $1\text{ms} \leqslant T_2 \leqslant 10\text{ms}$ 的孔隙空间范围内，油相质量分数分别增加了 3.65%、1.44% 及 3.33%；在 $0.1\text{ms} \leqslant T_2 \leqslant 1\text{ms}$ 的孔隙空间范围内，油相质量分数分别增加了 0.13%、1.20% 及 2.75%。总体含水饱和度分别上升了 8.92%、10.33% 及 11.35%，返排率分别可以达到 23.10%、25.00% 及 26.51%，均高于 1MPa 驱替压力下的返排率 20.61%。

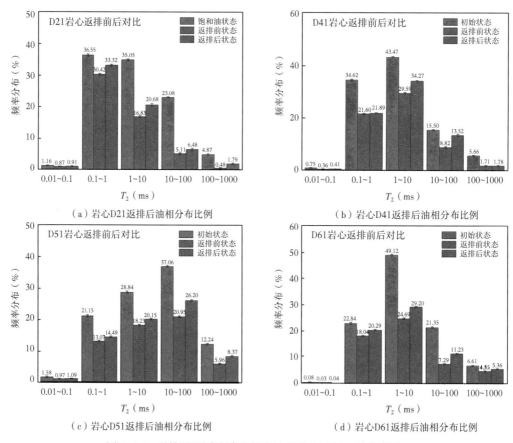

图 7-36 返排后不同孔隙空间中油相分布比例（滤失部分）

滤失部分岩心 D21 在各部分孔隙空间油相质量变化分数如本章第二节所示，返排率可以达到 20.37%。而其余返排压力下滤失部分岩心 D41、D51 及 D61 在 $100\text{ms} \leqslant T_2 \leqslant 1000\text{ms}$ 的孔隙空间范围内，油相质量分数分别增加了 0.07%、2.41% 及 0.81%；在 $10\text{ms} \leqslant T_2 \leqslant$

100ms 的孔隙空间范围内，油相质量分数分别增加了 4.70%、5.52% 及 3.94%；在 1ms≤T_2≤10ms 的孔隙空间范围内，油相质量分数分别增加了 4.68%、1.92% 及 4.51%；在 0.1ms≤T_2≤1ms 的孔隙空间范围内，油相质量分数分别增加了 0.29%、0.12% 及 2.25%。总体含水饱和度分别上升了 9.79%、10.09% 及 11.52%，返排率分别为 25.81%、24.20% 及 24.77%。

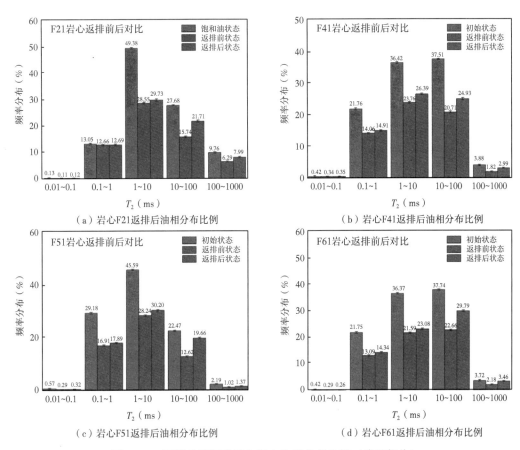

图 7-37　返排后不同孔隙空间中油相分布比例（渗吸部分）

渗吸部分的油量质量变化分数变化如本章第二节所示，带压渗吸岩心 F21 返排率为 26.46%。而其余返排压力下滤失部分岩心 C41、C51 及 C61 在 100ms≤T_2≤1000ms 的孔隙空间范围内，油相质量分数分别增加了 1.17%、0.35% 及 1.28%；在 10ms≤T_2≤100ms 的孔隙空间范围内，油相质量分数分别增加了 4.22%、7.04% 及 7.13%；在 1ms≤T_2≤10ms 的孔隙空间范围内，油相质量分数分别增加了 2.63%、1.96% 及 1.49%；在 0.1ms≤T_2≤1ms 的孔隙空间范围内，油相质量分数分别增加了 0.85%、0.98% 及 1.25%；含水饱和度分别上升了 8.88%、10.36% 及 11.18%，返排率分别为 22.60%、25.31% 及 28.52%。

对比不同返排压力下的返排率可以发现，随着返排压力的增加，返排率逐渐增大，存在一最优的返排压力使得返排率能达到最大，各返排压力下的返排率变化如图 7-38 所示。可以看出，本次实验所针对的致密砂岩岩心最优返排压力为 4MPa，当返排压力从 1MPa 逐渐增加到 4MPa 时，相应的返排率增加得较快，而当返排压力超过 4MPa 后，达到拐点，此时返排率不在明显增加，呈缓慢上升趋势。

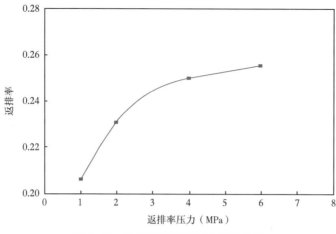

图 7-38　返排率随返排压力变化曲线

第五节　残余油饱和度下带压渗吸作用对压裂液滞留的影响

由第五章可知，带压渗吸作用可显著降低残余油饱和度，为研究残余油饱和度降低后的压裂液滞留情况，本小节在第五章的基础上进行了第二次离心实验（油驱水模拟返排过程），用于模拟返排条件下的压裂液滞留情况，进一步研究带压渗吸作用对压裂液分布及滞留机理。

由第五章第三节可知，致密砂岩岩心 A11 在自发渗吸条件下进行的，A12 附加压力为 5MPa，A13 是在附加压力为 10MPa。最终，由于附加压力的不同，残余油饱和度降低的程度也不同，残余油饱和度降低的程度随附加压力的增加而增加。经过返排离心后，致密砂岩岩心 A11、A12、A13 含水饱和度变化 T_2 谱如图 7-39 所示，中高渗透率砂岩岩心 A21、A22、A23 含水饱和度变化 T_2 谱如图 7-40 所示。

由第三章可知，实验所涉及的液体分别为氟油（核磁无法检测其信号）及盐水。因此，核磁 T_2 谱只反应水相信号，图 7-39 反映出核磁信号随转速的增加呈逐渐降低的趋势。并最终在 15000r/min 的转速下，致密砂岩岩心核磁 T_2 谱不再发生明显变化。而中高渗透率砂岩岩心在较小的转速下（10000r/min），其返排过程中核磁 T_2 谱即可发生明显变化，随着离心转速的增加，不同转速间 T_2 谱所包裹的面积也逐渐增大，直至在 7000r/min 的转速下，核磁 T_2 谱不再发生明显变化，此时的离心力远小于致密砂岩岩心所需的离心力。为进一步观察压裂液残留情况，对比了第一次及第三次离心后的核磁 T_2 谱，如图 7-41 及图 7-42 所示。

由第五章可知，第一次油驱水离心过程，最大离心转速为 13000r/min，而第二次油驱水离心返排实验中最大离心转速为 15000r/min，第三次离心过程离心力高于第一次离心过程。由图 7-41 可知，致密砂岩 A11 在第三次离心后，其核磁 T_2 谱与第一次相差不明显，但在加压渗吸后，致密砂岩 A12 与 A13 第三次离心后核磁 T_2 谱却高于第一次离心过程，说明即使增大了离心力，仍有大量压裂液滞留在岩心内部，无法排除，这与高渗透率岩心有较大的差异（图 7-42）。中高渗透率岩心 A22 及 A23 经过离心返排后，其核磁 T_2 谱几乎能完全重合，说明孔隙结构的复杂性是导致致密砂岩岩心压裂液滞留的重要原因。

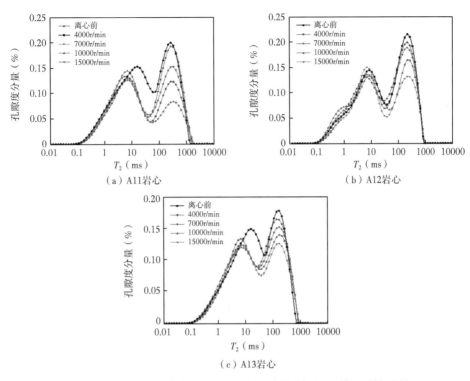

（a）A11岩心　　　　　　　　　（b）A12岩心

（c）A13岩心

图 7-39　不同转速条件下致密砂岩岩心低场核磁 T_2 谱（返排过程）

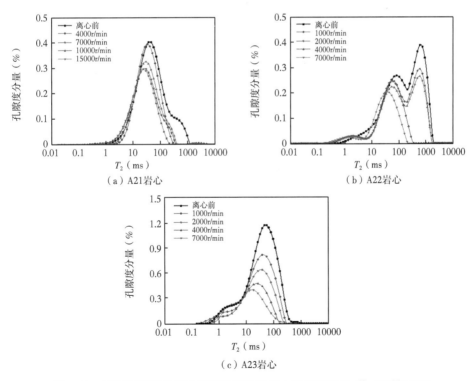

（a）A21岩心　　　　　　　　　（b）A22岩心

（c）A23岩心

图 7-40　不同转速条件下中高渗透率砂岩岩心低场核磁 T_2 谱（返排过程）

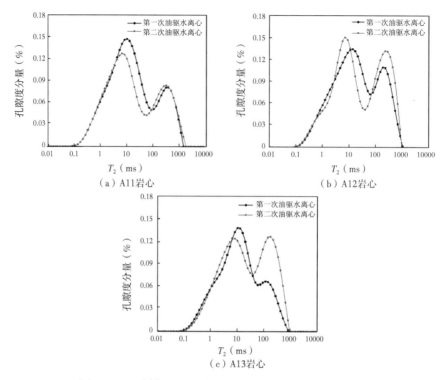

图 7-41　不同离心过程致密砂岩岩心低场核磁 T_2 谱对比

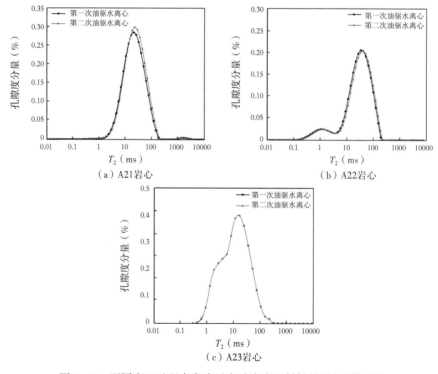

图 7-42　不同离心过程中高渗透率砂岩岩心低场核磁 T_2 谱对比

第六节　小　　结

通过将致密油储层压后闷井的油水两相区分类（滤失区及带压渗吸区），构建了近似滤失区与带压渗吸区的岩心油水分布特征，并借助低场核磁共振技术，进行了致密油储层返排优化实验，对比了不同储层条件下的返排特征；最后，分析了第五章中残余油饱和度下的进行加压渗吸后，进行离心返排后，压裂液的滞留及渗吸作用对压裂液滞留的影响，主要结论如下。

（1）岩心饱和后，核磁 T_2 谱累积信号与饱和油质量呈较好的线性关系，因此可以根据核磁 T_2 谱累积信号定量表征岩心内部在返排过程中油相变化规律，并基于此，计算返排率；

（2）致密砂岩岩心由于低孔隙度低渗透率的物性特征及复杂的孔隙结构特征，其返排率远低于中—高渗透率砂岩岩心，致密砂岩岩心返排率在25%左右；

（3）致密砂岩岩心返排孔隙空间以核磁 T_2 谱 10ms$\leqslant T_2 \leqslant$1000ms 孔隙空间为主，大量压裂液由于渗吸作用滞留在 0.1ms$\leqslant T_2 \leqslant$10ms 的孔隙空间内；

（4）带压渗吸作用使得压裂液滞留量远高于自发渗吸作用，返排时不同带压渗吸岩心返排率差别不明显；

（5）带压渗吸作用使残余油饱和度降低，这部分被水相所占据的空间难以返排，即使增加离心转速，其压裂液滞留量也高于自发渗吸岩心。

参 考 文 献

[1] Jiang Y, Shi Y, Xu G. Experimental Study on Spontaneous Imbition Under Confining Pressure in Tight Sandstone Cores Based on Low-field Nuclear Magnetic Resonance Measurements [J]. Energy Fuels. 2018; 32, 3, 3152-3162.

[2] Xu G, Shi Y, Jiang Y. Characteristics and Influencing Factors for Forced Imbition in Tight Sandstone Based on Nuclear Magnetic Resonance Measurements [J]. Energy Fuels. 2018; 32, 8, 8230-8240.

[3] Xu G, Jiang Y, Shi Y, et. al. Experimental Investigations of Fracturing Fluid Flowback and Retention Under Forced Imbition in Fossil Hydrogen Energy Development of Tight Oil Based on Nuclear Magnetic Resonance [J]. International Journal of Hydrogen Energy, 2020, 45 （24）: 13256-13271.

第八章　结论与展望

中国致密油储层资源丰富，是重要的接替资源，其高效开发有助于缓解中国能源供需关系紧张的局面。目前，致密油储层经过大规模水平井多段压裂改造后，仍面临产量低、递减快、能量补充困难及采收率低的难题。现场矿场经验表明：致密油藏经压裂改造后不返排关井一段时间后（闷井），增大压裂液滞留量，利用毛细管压力渗吸油水置换作用，补充地层能量，可显著提高油井产量。但大液量压裂液注入地层后，闷井过程中的油水置换机理、压力扩散规律及返排特征认识不清，导致缺乏确定闷井时间的方法，无法对返排制度进行合理优化。因此，笔者针对上述问题，考虑现场实际闷井特征，将压裂后储层分为带压滤失区及渗吸区两个独立区域，首先，利用低场核磁共振技术，开展了带压渗吸实验模拟实验和衰竭式水驱油物理模拟实验，剖析带压渗吸置换机理并确定了岩心入口端压力递减规律，以此为基础，分别建立带压渗吸和渗吸滤失无因次时间模型，并初步提出了压裂后闷井时间计算方法；其次，开展了残余油饱和度下带压渗吸实验并构建了考虑渗吸作用的相对渗透率模型，揭示了致密油储层渗吸提高采收率的微观机理；最后，建立了压裂后返排物理模拟新方法，为返排参数优化提供了理论依据。

一是以 Y284 井区致密岩心样品为研究对象，测试了长 6 段储层 Y284 井区致密砂岩岩心渗透率、孔隙度、矿物成分、氮气吸附及润湿性等基础物性参数。并且，基于低场核磁共振测试技术，建立致密岩心样品微米—纳米级尺度孔隙内含油量精确计量方法，为带压渗吸和衰竭式水驱油实验的开展奠定基础，根据 Loucks 等提出的孔隙尺寸划分方法，结合高压压汞与低场核磁 T_2 谱测试结果，建立致密岩心样品孔隙类型划分方法。

（1）测试岩样属于低孔隙度、低渗透率砂岩岩心，渗透率在 0.019~0.099mD 之间，平均值为 0.045mD；孔隙度在 8.62%~13.56% 之间，平均值为 10.43% 左右。

（2）致密砂岩岩心长石含量最高（45.6%），黏土含量较低（13%），其中黏土矿物组成以绿泥石和伊/蒙混层为主，体现出较强的酸敏特征及速敏特征。

（3）高压压汞测试结果表明，致密砂岩储层孔隙分选性较差，孔喉较小，连通性差。孔径主要分布范围在 0.016~0.16μm 之间。致密砂岩岩心进退汞体积差异较大，流动特性差。

（4）氮气吸附结果表明三种氮吸附等温线均表明致密砂岩岩心具有介孔固体的特征。岩心样品的吸附和解吸曲线具有较高的相对压力（$p/p_0 > 0.8$），具有滞后环的特征。根据 IUPAC 分类，滞后环属于 H1 型。

（5）建立拟 T_2 截止值法确定致密岩心表面弛豫率，岩心样品平均表面弛豫率为 3.92μm/s，计算结果与普遍应用的平均值法计算结果一致，是一种快速且有效的可确定致密岩心表面弛豫率的方法，为实现 T_2 谱与压汞孔径分布换算提供了依据。

（6）根据 T_2 值大小，将孔隙类型划分为两大类：纳米孔（0.1ms ≤ T_2 ≤ 100ms）和微孔/中孔（T_2 > 100ms）、纳米孔进一步可以细分为纳米微孔（0.1ms ≤ T_2 < 1ms）、纳米中孔

（$1\text{ms} \leqslant T_2 < 10\text{ms}$）和纳米大孔（$10\text{ms} \leqslant T_2 \leqslant 100\text{ms}$）。

二是开展致密岩心带压渗吸物理模拟实验，结合低场核磁测试技术，分析致密岩心样品微米—纳米级孔隙内油相分布规律，对比自发渗吸与带压渗吸置换效率的差异，剖析带压渗吸置换效率大幅提升的原因，优化围压，分析边界条件、初始含水饱和度、层理方向和矿化度等影响因素对致密岩心带压渗吸的影响。

（1）纳米孔是致密岩心样品主要储集空间，岩心样品纳米孔内含油质量分数95.94%～98.12%，其中，纳米微孔、纳米中孔和纳米大孔内含油质量分数分别为34.04%、40.15%及22.75%；

（2）带压渗吸置换效率相比于自发渗吸置换效率大幅提高，围压由2.5MPa增加至15MPa，渗吸置换效率分别提高21.36%、37.03%、38.85%和40.47%，其大幅提升的主要原因是强化的渗吸作用和压实作用；

（3）随围压增加，带压渗吸置换效率分为快速上升阶段和稳定阶段，临界压力为5MPa；

（4）分析边界条件、初始含水饱和度、层理方向和矿化度对带压渗吸的影响，体现在以下方面：边界条件主要影响渗吸接触面积，接触面积越大，渗吸置换效率越大；初始含水饱和度越高，渗吸置换效率越低；沿垂直层理方向岩心样品的渗吸置换效率比平行层理方向岩心样品高，但均低于无层理发育的岩心样品；矿化度越高，渗透压差越大，渗吸置换效率越低。

三是开展衰竭式水驱油实验模拟渗吸滤失过程，以确定衰竭式水驱油过程中岩心入口压力扩散规律为目标。首先，建立恒压水驱油毛细管束模型，优化驱替压差，并开展恒压水驱油物理模拟实验验证理论模型；然后，开展衰竭式水驱物理模拟实验，确定岩心入口压力递减规律。

（1）基于单毛细管模型建立的恒压水驱油理论模型，假设毛细管半径满足正态分布规律，并考虑边界层厚度影响，优选驱替压差为5MPa；

（2）恒压水驱油物理模拟实验中，当驱替压差为5MPa时，驱替压差和毛细管压力协同作用发挥最大，对提高驱油效率最有利，且与理论模型计算结果一致；

（3）根据入口压力随时间变化关系曲线，可将压力递减过程划分为三个阶段，分别是快速递减阶段、过渡阶段和稳定阶段；与之对应的驱油效率也可划分为三个阶段，分别是快速增长阶段、过渡阶段和稳定阶段。

四是将压裂后闷井过程划分为渗吸滤失和带压渗吸两个阶段，建立了两组无量纲时间模型，结合致密岩心样品带压渗吸和衰竭式水驱油实验结果，提出了致密油藏压裂后闷井时间计算方法。

（1）闷井时间等于渗吸滤失阶段持续时间（带压渗吸置换效率达到最大时对应的时间）与带压渗吸阶段持续时间（渗吸滤失阶段压力传播进入稳定阶段时对应的时间）之和；

（2）致密岩心样品中存在气体滑脱效应和应力敏感特征，按照Klingkenberg实验步骤，确定克氏渗透率和气体滑脱因子，在此基础上，建立了有效孔隙半径随净压力变化关系式；

（3）带压渗吸阶段无因次时间模型在Mason自发渗吸无因次时间模型基础上，引入

Leverett 毛细管束模型，结合致密岩心孔隙半径随净压力变化规律而建立；渗吸滤失阶段无量纲时间模型在 Ma 自发渗吸无因次时间模型基础上，通过添加驱替压差项，结合致密岩心孔隙半径随净压力变化规律而建立。

五是通过采用低场核磁共振技术，重点分析了带压渗吸作用对残余油饱和度影响，并揭示了带压渗吸作用提高采收率的机理，为构建考虑渗吸作用的相对渗透率模型奠定了基础。

（1）致密砂岩岩心束缚水含水饱和度与残余油饱和度高，油水两相流动区间窄；

（2）致密砂岩岩心加压渗吸作用对残余油饱和度的影响高于自发渗吸作用对残余油饱和度的影响，加压渗吸作用随压力的增加而增加；

（3）疏松砂岩中加压渗吸作用对残余油的影响弱于致密砂岩岩心，渗透率越大，加压渗吸作用对残余油的影响越弱；

（4）带压渗吸采出程度随着围压的增加而增加，采出程度随时间的变化曲线分为快速上升阶段和稳定阶段，达到稳定阶段的时间点随压力的增加而增加。

六是构建了考虑渗吸作用的相对渗透率规律表征模型，通过拟合离心法所得到的毛细管压力曲线及进而可计算得到油水两相相对渗透率曲线：

（1）离心过程得到的毛细管压力曲线符合分形特征，可通过拟合分形维数得到符合实验结果的毛细管压力曲线解析解；

（2）致密砂岩岩心数值计算得到相对渗透率曲线与实验得到的相声曲线具有较好的一致性，而疏松砂岩岩心其油相相对渗透率数值与实验数值具有一定差异，水相相对渗透率差异不明显。

（3）渗吸作用影响下的相对渗透率曲线其残余油饱和度下的油相对渗透率透率略高于渗吸前的油相相对渗透率，扩大的两相共渗区增加了水相相对渗透率。

七是借助于低场核磁共振技术，进行了致密油储层压裂后返排物理模拟新方法，对比了不同储层条件下的返排特征，分析了渗吸作用对压裂液滞留的影响：

（1）岩心饱和后，核磁 T_2 谱累计信号与饱和油质量具有较好的线性关系，因此可以根据核磁 T_2 谱累计信号定量表征岩心内部在返排过程中油相变化规律，并基于此，计算返排率；

（2）致密砂岩岩心由于其低孔隙度、低渗透率的物性特征及复杂的孔隙结构特征，其返排率远低于疏松砂岩岩心，致密砂岩岩心返排率在25%左右；

（3）致密砂岩岩心返排孔隙空间以核磁 T_2 谱 $10\text{ms} \leq T_2 \leq 1000\text{ms}$ 孔隙空间为主，大量压裂液由于渗吸作用滞留在 $0.1\text{ms} \leq T_2 \leq 10\text{ms}$ 的孔隙空间内；

（4）带压渗吸作用使得压裂液滞留量远高于自发渗吸作用，返排时不同带压渗吸岩心的返排率差别不明显；

（5）带压渗吸作用使残余油饱和度降低，这部分被水相所占据的空间难以返排，即使增加离心转速，其压裂液滞留量也高于自发渗吸岩心。